全国技工院校计算机类专业（中／高级技能层级）

Creo基础与应用习题册

主　编　陈烨妍

中国劳动社会保障出版社

简介

本书为全国技工院校计算机类专业教材（中/高级技能层级）《Creo基础与应用》的配套习题册。本书紧扣教学要求，按照教材项目顺序编排，知识点分布均衡，题型丰富，难易适当，有助于学生复习巩固所学知识。

本书由陈烨妍任主编，魏小兵参与编写，王雪审稿。

图书在版编目（CIP）数据

Creo基础与应用习题册/陈烨妍主编. -- 北京：中国劳动社会保障出版社，2024

全国技工院校计算机类专业. 中/高级技能层级

ISBN 978-7-5167-6319-3

Ⅰ. ①C… Ⅱ. ①陈… Ⅲ. ①计算机辅助设计-应用软件-技工学校-习题集 Ⅳ. ①TP391.72-44

中国国家版本馆CIP数据核字（2024）第064627号

中国劳动社会保障出版社出版发行

（北京市惠新东街1号 邮政编码：100029）

*

保定市中画美凯印刷有限公司印刷装订 新华书店经销

787毫米×1092毫米 16开本 5印张 91千字

2024年4月第1版 2024年4月第1次印刷

定价：12.00元

营销中心电话：400-606-6496

出版社网址：http://www.class.com.cn

http://jg.class.com.cn

目　录

CONTENTS

项目一　Creo 8.0 入门 …… 001

项目二　草图绘制 …… 007

项目三　实体造型 …… 017

项目四　曲面造型 …… 037

项目五　零部件装配 …… 051

项目六　机构运动仿真 …… 058

项目七　工程图绘制 …… 066

项目一

Creo 8.0 入门

一、填空题

1. __________是指用来存储 Creo 文件的目标文件夹。

2. 在 Creo 8.0 常用的文件基本操作命令中，图标表示__________，图标表示__________，图标表示__________。

3. Creo 8.0 的工作界面包括__________________、________、“文件”菜单、功能区、选项卡、组、图形中工具栏、__________、选择过滤器、________及导航器。

4. 标题栏用于显示__________________及当前软件版本。

5. 通过单击组最下方的____________，可以查看组中包含的所有命令。

6. 导航器包含________、______________和________三个部分。

7. Creo 8.0 配置文件包括______________和______________。

8. 默认模型方向有________、________和____________三种。

9. 在使用 Creo 8.0 软件的过程中，单击鼠标左键可以__________________，长按中键时移动鼠标可以__________。

10. 在 Creo 8.0 软件中，“视图”选项卡包含______________、“外观”组、____________、“模型显示”组、____________和“窗口”组六个功能组。

11. 外观可通过编辑______、________、______、凹凸和贴图来定义，可以为任何零件或装配指定颜色。

12. 选择多个平面时，可以在长按______键的同时使用鼠标______选择所需面来实现选择或者进行框选。

二、选择题

1.（　　）位于 Creo 8.0 工作界面的最上面，其前端嵌有（　　）。

A. 标题栏　状态栏　　　　　　　　　　B. 标题栏　快速访问工具栏

C. 状态栏　标题栏　　　　　　　　　　D. 快速访问工具栏　标题栏

2.（　　）包含用户进行项目设计所需的所有命令。

A. 标题栏　　　　　　　　　　　　　　B. 快速访问工具栏

C. 功能区　　　　　　　　　　　　　　D. 导航器

3. 通过单击按钮（　　），可以实现图形窗口最大化。

A. ☐　　　　　　　　　　　　　　　　B. 🔍

C. 🔍+　　　　　　　　　　　　　　　D. 🔍−

4. “（　　）”选项卡用于设置对象显示、栅格、样式和约束的选项。

A. 草绘器　　　　　　　　　　　　　　B. 收藏夹

C. 装配　　　　　　　　　　　　　　　D. 系统外观

5. “（　　）”选项卡用于设置用户界面和系统颜色。

A. 草绘器　　　　　　　　　　　　　　B. 收藏夹

C. 装配　　　　　　　　　　　　　　　D. 系统外观

6. 用户可通过（　　）方法修改所选项目的颜色。

A. 颜色轮盘　　　　　　　　　　　　　B. 混合调色板

C. RGB/HSV 滑块　　　　　　　　　　D. 以上都对

7. “（　　）”选项卡用于更改图元的显示方式，可对几何显示、基准显示、装配显示和约束显示等进行设置。

A. 模型显示　　　　　　　　　　　　　B. 图元显示

C. 环境　　　　　　　　　　　　　　　D. 系统外观

8. “（　　）”选项卡用于查看并管理 Creo Parametric 选项。

A. 窗口设置　　　　　　　　　　　　　B. 自定义

C. 配置编辑器　　　　　　　　　　　　D. 许可

9.（　　）用于显示和隐藏基准、注释、标记、旋转中心等图元。

A. “显示”组　　　　　　　　　　　　B. “外观”组

C. “模型显示”组　　　　　　　　　　D. “窗口”组

10. 当显示样式为（　　）样式时，模型以光顺着色和打光渲染各面，但不显示面的边。

A. “带反射着色”　　　　　　　　　　B. “带边着色”

C. “着色” D. “消隐”

11. 单击文件基本操作图标（ ），可将对象备份到当前目录。

A. B. C. D.

12. 在用户操作软件的过程中，（ ）会实时显示当前操作的提示信息及执行结果。

A. 图形窗口 B. 状态栏

C. 显示导航器 D. 选择过滤器

13. 在下列配置文件中，（ ）为模型树配置文件。

A. config.sup B. Gb.dtl

C. Format.dtl D. Tree.cfg

14. 在“系统外观”选项卡中提供了（ ）种主题可供选择。

A. 一 B. 两 C. 三 D. 四

三、判断题

1. 在使用 Creo 8.0 软件进行设计之前，事先选择好工作目录便于快速存储和读取项目文件。（ ）

2. 打印文件和关闭文件属于文件管理操作。（ ）

3. 处于不同模式时，工作界面各部分的位置一定不变。（ ）

4. 在 Creo 8.0 软件中，菜单中所有命令都有次级菜单。（ ）

5. 在“零件”模式下，选择过滤器默认为几何选择过滤器。（ ）

6. 在“Creo Parametric 选项”中可以查看并设置系统环境，更改模式配置。（ ）

7. 在使用“环境”选项卡进行更改时，所做更改对所有会话有效。（ ）

8. “窗口设置”选项卡用于自定义窗口的布局。（ ）

9. 在配置选项的“值”列表中，带有“＊”的是系统默认值。（ ）

10. 在使用 Creo 8.0 软件的过程中，同时按下 Ctrl 键和鼠标中键并移动鼠标可移动对象。（ ）

11. “视图”选项卡中的“模型显示”组用于编辑模型的渲染设置和改变其外观。（ ）

12. 通过设置“草绘器”选项卡中的对应参数，可以调整尺寸的小数位数和捕捉敏感度。（ ）

13. 掌握 Creo 8.0 软件配置文件的使用方法，根据自己的需求来制作配置文件，可以有效提高工作效率，减少不必要的麻烦，也有利于实现标准化。（ ）

14. 定制功能区时，选择左侧的模式后，可将命令从右侧的列表或者功能区拖动到

选定模式中。 (　　)

15. 每个配置选项均包含名称、值、状况和简要说明四项内容。 (　　)

四、综合练习题

1. 新建文件名为“练习 1”的零件实体文件，熟悉 Creo 8.0 软件的工作界面，保存文件至工作目录，并退出软件。

回顾操作过程，回答下列问题。

（1）根据“新建”对话框的相关内容，将表 1–1 中的内容填写完整。

表 1–1 “新建”对话框包含的类型和子类型明细表

序号	类型	子类型

（2）写出默认工作目录的具体位置。

2. 修改工作目录至自定义位置，新建文件名为“练习 2”的零件实体文件，运用鼠标实现视图的放大、缩小和旋转，保存文件，并将其重命名为“综合练习”。

回顾操作过程，回答下列问题。

可以通过哪几种操作方法修改工作目录路径？

3. 新建文件名为“练习 3”的零件实体文件，打开“Creo Parametric 选项”对话框，熟悉该对话框的各个区域，并自主设置软件界面主题和全局颜色。

回顾操作过程，回答下列问题。

（1）如何打开“Creo Parametric 选项”对话框？

（2）设置全局颜色时，可以设置草绘器中哪些元素的颜色？

4. 选择“Creo Parametric 选项”对话框的“模型显示”选项卡，修改“默认模型方向”为“等轴测”。

回顾操作过程，回答下列问题。

除了能设置模型方向外，在“模型显示”选项卡中还能进行哪些设置？

5. 选择“Creo Parametric 选项”对话框的“草绘器”选项卡，修改“尺寸的小数位数”为三位。

回顾操作过程，回答下列问题。

在“草绘器”选项卡中还能进行哪些设置？

6. 熟悉软件工作界面中命令的自定义操作方法，并删除快速访问工具栏中的“重做”命令。

回顾操作过程，回答下列问题。

用户可对软件工作界面中的哪些区域进行自定义操作？

7. 查找配置选项“text_height_factor”，修改设置值为“15”，并保存该配置文件，使该配置仅在本次操作中生效。

回顾操作过程，回答下列问题。

在“Creo Parametric 选项”对话框的“配置编辑器”中，配置选项可以按照哪几种方法排序？

8. 打开图 1–1 所示的模型素材文件，自主修改模型颜色、方向、着色样式，调整模型的显示尺寸至“适合窗口”后保存模型文件，并退出 Creo 8.0 软件。

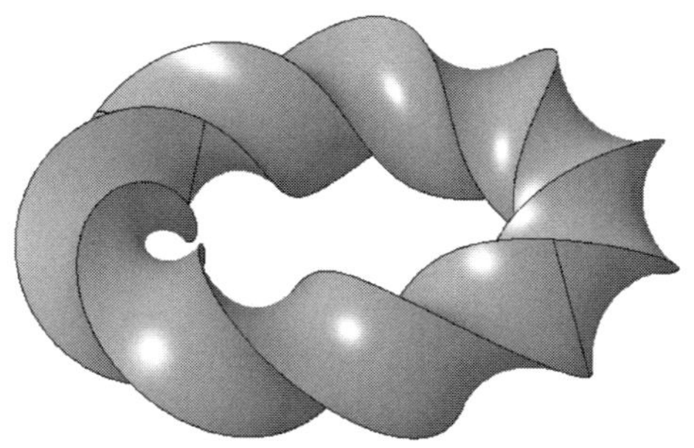

图 1–1　模型素材文件

完成模型素材文件的显示设置，回答下列问题。

自定义的模型素材方向是__________，着色样式为__________________。

项目二
草图绘制

一、填空题

1. 草图尺寸是图元自身______或图元之间______关系的测量数值，分为__________和________两种。

2. 草图约束有强约束和弱约束两种，其中________固定不变，________可随任何修改而变化。

3. 草图中的参数由______和______组成。

4. “草绘”选项卡包括“设置”组、____________组、__________组、__________组、__________组、__________组、__________组、__________组、“检查”组和“关闭”组。

5. “草绘”选项卡下“操作”组中的“选择”命令有四种类型，分别是________、____、__________和______。

6. “草绘”选项卡下“编辑”组可使用相关命令_______、_______、分割草图，______________和修改尺寸值等。

7. 工具命令图标 可创建__________， 可创建________， 可创建__________， 可创建____________。

8. Creo 草绘模式中共有九种常用几何约束，分别是______、______、______、______、______、______、______、______和______。

9. 草绘时，单击__________可锁定所提供的约束。

10. 在选择相切直线的起始位置和结束位置时，要注意______________，若偏差较____，则相切直线会产生错误。

11. 偏移图元时，图元上的箭头表示偏移方向，若方向相同，偏移量为______；若方向相反，偏移量为______。

12.“曲线：从方程”选项卡中的“坐标系”命令包含__________、__________和________三种坐标系类型。

13. 在图形窗口编辑尺寸时，可__________，再键入________作为尺寸值，完成关系的添加。

14. 在 Creo 8.0 软件中，曲线可以用__________和____________两种方法建立。

二、选择题

1. 图元是指截面几何的任何元素，包括（　　）等。

A. 直线、圆弧、样条　　B. 直线、块、点

C. 坐标系、直线、块　　D. 块、样条、圆

2. 进行参数化建模时，修改参数的大小能改变（　　）。

A. 图元的大小　　B. 图元的位置关系

C. 图元的形状　　D. 图元的大小和位置关系

3. 当（　　）间发生冲突时，系统会提示删除或取消多余约束。

A. 弱尺寸 / 弱约束　　B. 弱尺寸 / 强约束

C. 强尺寸 / 强约束　　D. 强尺寸 / 弱约束

4. 用户使用“Creo Parametric 选项”对话框的“草绘器”区域自定义草绘器环境时，不可以设置（　　）。

A. 约束的可用性　　B. 草图的起始位置

C. 栅格属性　　D. 进入“草绘器”时草绘平面的方向

5. 用户单击“草绘”选项卡下“设置”组中的“栅格设置”按钮，可在系统弹出的“栅格设置”对话框中对栅格的（　　）进行设置。

A. 类型　　B. 间距

C. 原点和角度　　D. 以上都对

6. 构造图元以（　　）造型显示，其只能作为绘图结构的参考，不能作为实体或生成特征的边线。

A. 粗实线　　B. 虚线

C. 点画线　　D. 细实线

7.“草绘”选项卡下的“检查”组不可使用相关命令检查（　　）。

A. 草图开放端点　　B. 重复图元

C. 重复约束　　D. 封闭环

8. 工具命令图标◯用于创建（　　）。

A. 三点画圆　　B. 圆心和点绘制圆

C. 同心圆　　D. 三相切圆

9. 工具命令图标用于创建（　　）。

A. 圆形圆角　　B. 圆形修剪

C. 椭圆形圆角　　D. 椭圆形修剪

10.“相等”几何约束不能使（　　）。

A. 线性尺寸相等　　B. 角度尺寸相等

C. 圆弧半径相等　　D. 两点关于线性参考对称

11. 对于自动标注的尺寸，用户可以进行（　　）操作。

A. 定义新尺寸　　B. 修改自动生成的尺寸

C. 强化弱尺寸　　D. 以上都对

12.（　　）工具可以将图元修剪（剪切或延伸）到其他图元或几何。

A.“修改”　　B.“拐角”　　C.“镜像”　　D.“分割”

13. 粘贴图元时，可以对所粘贴的草绘几何图元进行（　　）操作。

A. 平移　　B. 旋转　　C. 缩放　　D. 以上都对

14.“(　　)”命令可以突出显示不与其他端点或图元重合的端点，以便检查草图是否封闭。

A. 交点　　B. 重叠几何

C. 突出显示开放端　　D. 着色封闭环

15. Creo 8.0 软件提供与当前环境对应的常用命令的快捷菜单在（　　）区域可访问。

A. 图形窗口　　B. 模型树

C. 某些有项列表的对话框　　D. 以上都对

16. 单击“编辑”工具图标不可以进行（　　）选定图元操作。

A. 剪切　　B. 平移

C. 旋转　　D. 缩放

三、判断题

1. 强尺寸由系统自动生成，会伴随关联尺寸的变化而变化。（　　）

2. 移除或修改约束或尺寸可解决冲突。（　　）

3. 当第一次进入“草绘器”模式时，系统会显示极坐标栅格。（　　）

4.“获取数据”组可使用相关命令导入外部数据。（　　）

5. 在选择项目或图元时，在按下 Shift 键的同时单击鼠标左键可选取多个项目或图元。（　　）

6. 在退出“草绘器”之前，无须加强想要保留在截面中的弱尺寸。（　　）

7. 在草绘器中，用鼠标右键单击图元可查看浮动工具栏上的可用选项。（　　）

8. 标注草图尺寸时，一般要遵循“先大后小”的原则。（　　）

9. 绘制草图时，用户结合鼠标和键盘可实现图元的修剪和延伸。（　　）

10. 移动“移动”控制滑块的方法是单击“移动”控制滑块，拖动粘贴的图元到所需位置处。（　　）

11. 镜像复制时所需的镜像轴线可直接使用已有中心线。（　　）

12. 使用关系可以定义零件和装配中的尺寸值。（　　）

13. 修改模型的单位不会影响关系驱动。（　　）

14. 在“文本”对话框中可设置文本的长宽比和倾斜角等参数。（　　）

15. 创建重要而精确的草图时，关系式的使用较少，不便于后期修改。（　　）

四、综合绘图题

1. 完成图 2–1 所示草图的绘制，要求圆内接矩形的长等于宽的两倍。

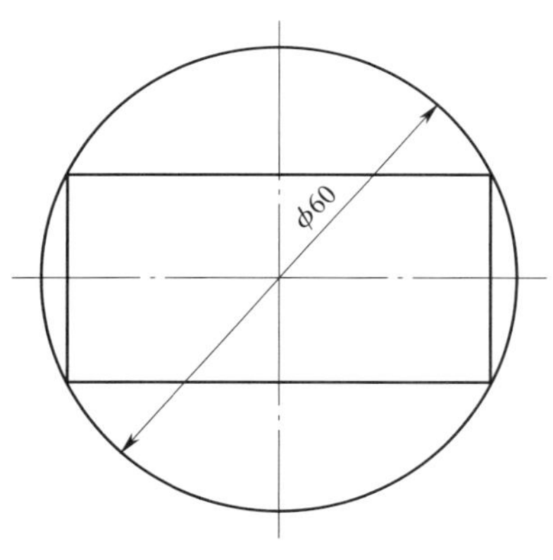

图 2–1　草图绘制练习 1

回顾操作过程，回答下列问题。

（1）采用何种约束来实现圆内接矩形的长与宽之间的倍数关系？

（2）圆内接矩形的长为______________，宽为______________。

2. 完成图 2-2 所示草图的绘制，要求线段①的长度为线段②的一半，并求出角度 X 的数值。

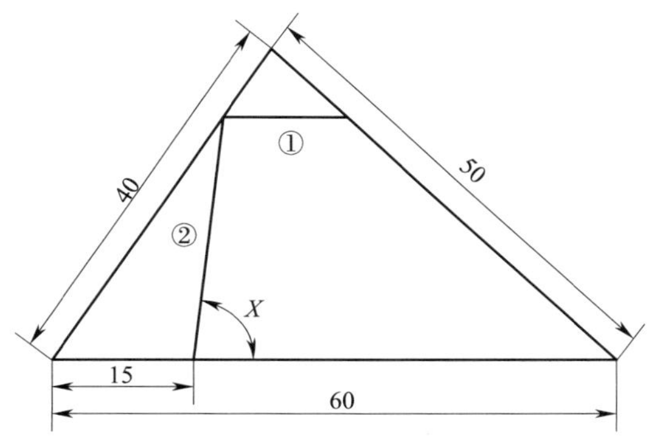

图 2-2　草图绘制练习 2

回顾操作过程，回答下列问题。

（1）采用何种约束来实现线段①与线段②之间的倍数关系？

（2）角度 X 的数值为______________。

3. 完成图 2-3 所示草图的绘制，并列举绘制该草图时运用的草绘命令。

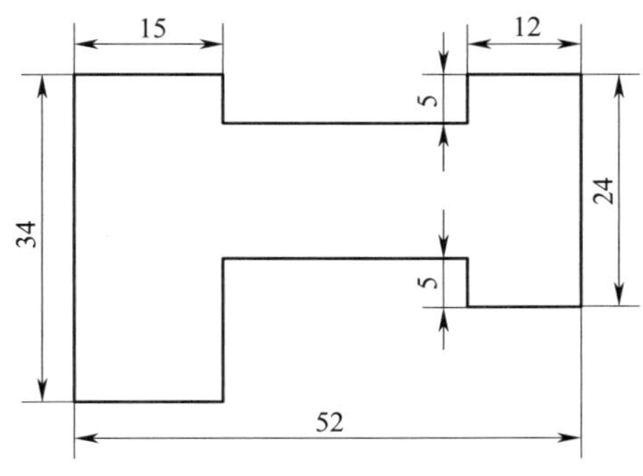

图 2-3　草图绘制练习 3

4. 完成图 2–4 所示草图的绘制，并列举绘制该草图时运用的草绘命令。

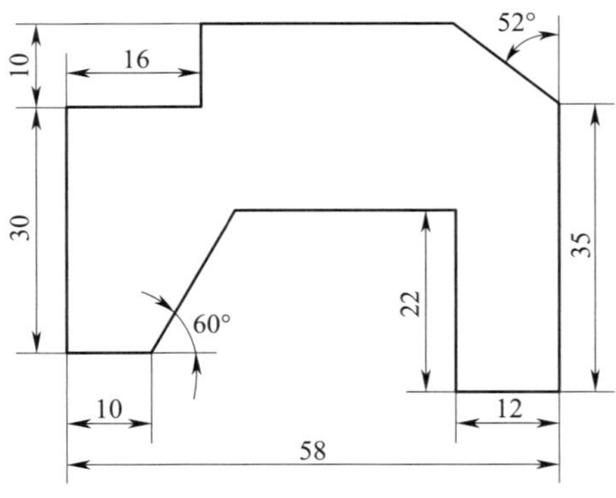

图 2–4　草图绘制练习 4

5. 完成图 2–5 所示草图的绘制，并列举绘制该草图时运用的草绘命令。

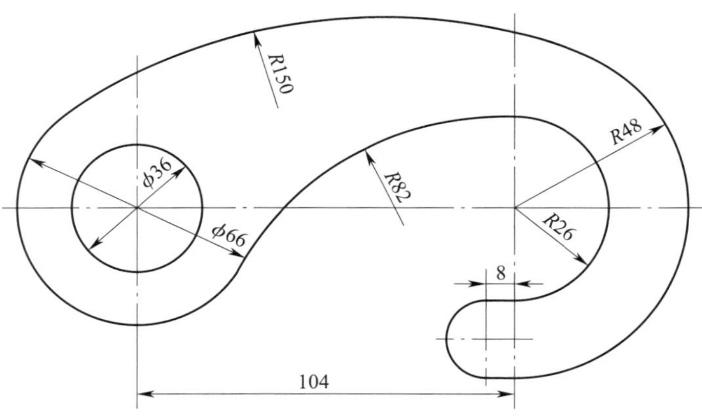

图 2–5　草图绘制练习 5

6. 完成图 2–6 所示草图的绘制，并列举绘制该草图时运用的草绘命令。

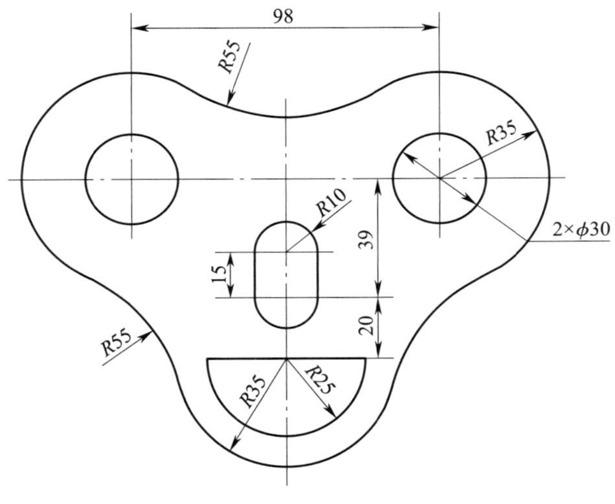

图 2–6　草图绘制练习 6

7. 完成图 2–7 所示草图的绘制，并列举绘制该草图时运用的草绘命令。

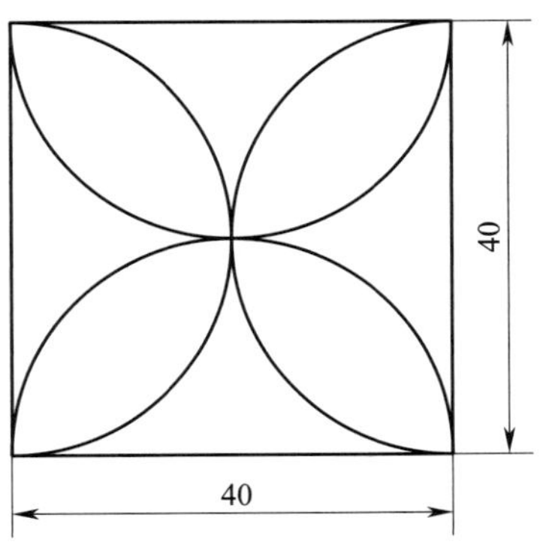

图 2–7　草图绘制练习 7

8. 完成图 2–8 所示草图的绘制，并列举绘制该草图时运用的草绘命令。

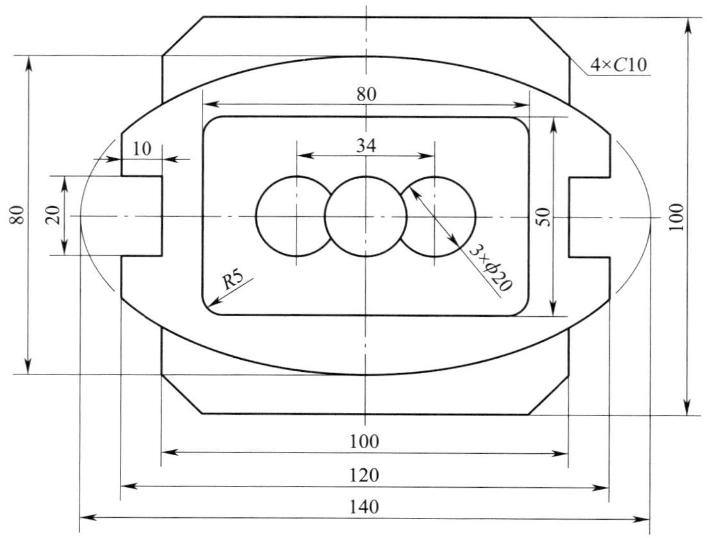

图 2–8 草图绘制练习 8

9. 完成图 2–9 所示草图的绘制。

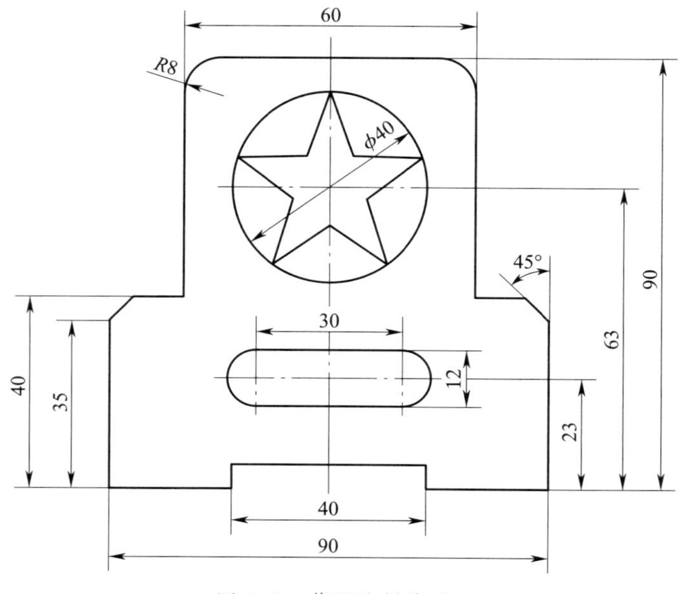

图 2–9 草图绘制练习 9

回顾操作过程，回答下列问题。

（1）图 2-9 中的五角星如何绘制?

（2）绘制该草图时运用了哪些草绘命令？

10. 完成图 2-10 所示草图的绘制，并列举绘制该草图时运用的草绘命令。

图 2-10　草图绘制练习 10（尺寸自定）

11. 完成图 2–11 所示草图的绘制，并列举绘制该草图时运用的草绘命令。

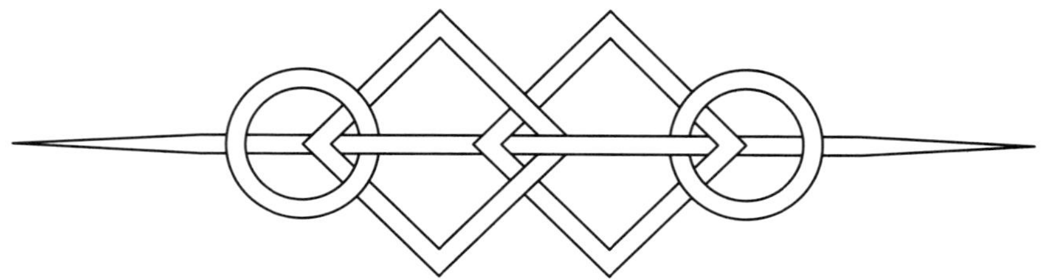

图 2-11　草图绘制练习 11（尺寸自定）

12. 完成图 2–12 所示草图的绘制，并列举绘制该草图时运用的草绘命令。

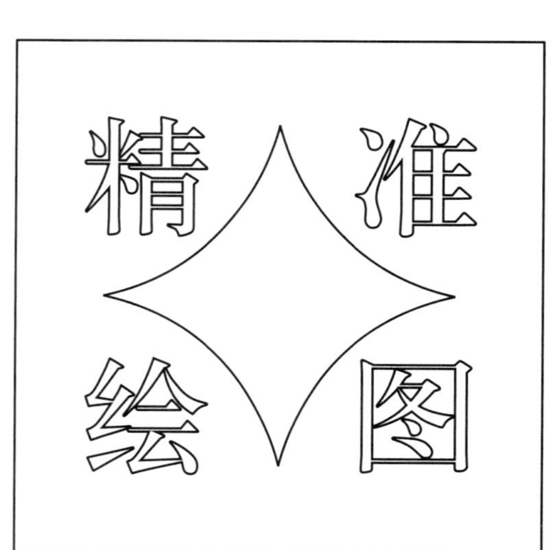

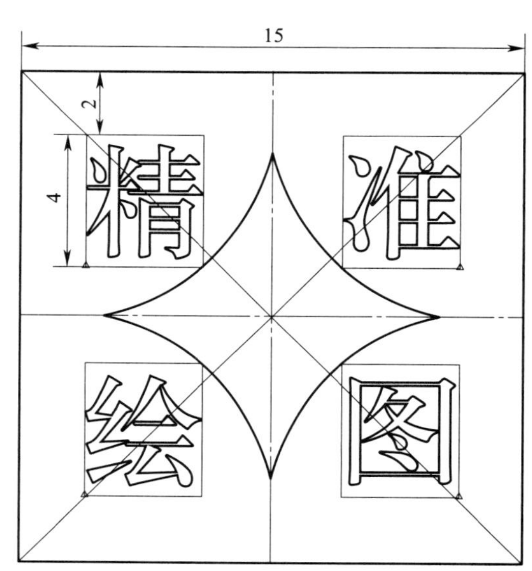

图 2-12　草图绘制练习 12

［提示：中间星形线的方程为 a=5，x=a*（cos（t*360））^3，y=a*（sin（t*360））^3］

项目三
实 体 造 型

一、填空题

1. 拉伸是通过将______于草绘平面的二维草绘_______________或_______________的一种定义三维几何的方法，可以____________材料。

2. ______命令可创建实体拉伸；______命令可创建曲面拉伸。

3. “拉伸”选项卡中的“设置”命令包含__________和__________两个命令。

4. “属性”子选项卡通常用于设置_______________。

5. 倒圆角有四种类型，分别是______、______、____________和__________。

6. 倒圆角的“集”模式处于活动状态时，可采用______和____________两种方法来创建倒圆角。

7. 倒角有__________和________两种类型。

8. “旋转”选项卡中的“角度”命令可设置__________、__________、__________和________。

9. 定义旋转轴的方法有两种，即__________和____________。

10. 螺纹的旋向有______和______两种。

11. 设置用于螺旋扫描的截面的方向，有____________和____________两种。

12. 创建扫描特征时，__________和________缺一不可。

13. 创建扫描时，所选轨迹数量为单个时，扫描草绘类型会自动设置为______；所选轨迹数量为多个时，扫描草绘类型会自动设置为______。

14. 混合是已知__________平面截面，在其边缘用__________连接形成一个连续特征的一种造型方法。

15. 创建混合特征时，“混合”选项卡中的“选项”子选项卡用于选择__________

__________，有__________和__________两种类型。

16. “壳”特征可将实体______去除，只留一个_________的壳。

17. 阵列类型有八种，分别是______、______、______、______、______、______、______和____。

18. “镜像”工具针对_________复制___________。

19. 在混合特征中要求所有截面的图元数必须______。

20. 扫描混合具有两种轨迹，分别是_________和_________。

21. “孔”特征可在模型中添加________、_________和__________。

22. 创建标准孔时，“尺寸”命令包含“_________”和_________两个命令。

23. 筋有________和________两种实体特征，前者常用于____________________________，后者常用于_____________。

24. 创建螺旋扫描时，“间距”子选项卡中的“位置类型”可设置____________________放置的方法，有______、________和________三种。

25. 当混合特征为旋转混合时，旋转的角度范围为________至________。

26. 在“混合”选项卡中，当混合曲面间采用______连接时，“相切”子选项卡才会显示。

二、选择题

1. “拉伸”选项卡中的“深度”命令不可设置（　　）。

A. “深度”选项　　B. 平移方向

C. “深度”数值　　D. 封闭端

2. 当“深度”选项的类型为“（　　）”时，可将截面从放置参考拉伸至其到达的最后一个曲面。

A. 可变　　B. 到下一个

C. 穿透　　D. 穿至

3. 通过“拉伸”选项卡下“放置”子选项卡中的“（　　）”按钮，可断开与选定草绘的关联，并复制草绘作为内部草绘。

A. 草绘　　B. 定义

C. 编辑　　D. 断开链接

4. 倒圆角横截面的形状有（　　）。

A. 圆形　　B. 圆锥

C. 曲率连续　　D. 以上都对

5. 创建一个倒角，要求它与两个曲面都成 45° 角，且与各曲面上的边的距离为 D，可采用（　　）的标注形式。

A. $45 \times D$　　B. 角度 $\times D$

C. $D_1 \times D_2$　　D. $O \times O$

6. 当“旋转角度”选项的类型为“(　　)”时，用户可从草绘平面以指定角度值旋转截面。

A. 可变　　B. 对称

C. 到参考　　D. 以上都对

7. 在下列选项中，(　　）不可用于定义旋转轴。

A. 基准轴　　B. 坐标系的轴

C. “草绘器”中创建的中心线　　D. 曲线

8. 在“螺旋扫描”选项卡中，“(　　)”命令可用于设置螺距值。

A. 类型　　B. 间距

C. 截面　　D. 设置

9. 创建扫描特征时，激活“选项”子选项卡中的“(　　)”可将实体扫描特征的端点连接到邻近的实体曲面而不留间隙。

A. 方向参考　　B. 封闭端

C. 合并端　　D. 草绘放置点

10. “(　　)”是选择基准坐标系作为放置参考时的默认约束类型。

A. 穿过　　B. 偏移

C. 平行　　D. 法向

11. 选择扫描轨迹线时，按住（　　）键可同时选择多个轨迹。

A. Ctrl　　B. Shift

C. Alt　　D. Ctrl+Shift

12. 在下列选项中，“(　　)”不是混合特征的类型。

A. 常规　　B. 旋转

C. 法向　　D. 平行

13. 创建阵列时需考虑（　　）等内容。

A. 阵列类型　　B. 阵列方式

C. 单向特征阵列与双向特征阵列　　D. 以上都对

14. 当阵列类型为“(　　)”时，可通过使用驱动尺寸并指定阵列的增量变化来控制阵列。

A. 尺寸　　　　B. 方向

C. 轴　　　　D. 填充

15. 当阵列类型为“(　　)”时，可通过使用拖动控制滑块设置阵列的角增量和径向增量来创建自由形式径向阵列。

A. 尺寸　　　　B. 方向

C. 轴　　　　D. 填充

16.“扫描混合”选项卡下“参考”子选项卡中的“轨迹”表可最多显示（　　）作为扫描混合的轨迹，并设置轨迹类型。

A. 一条链　　　　B. 两条链

C. 三条链　　　　D. 任意条链

17. 创建扫描混合特征时，混合顶点可添加在（　　）。

A. 最后一个截面上　　　　B. 截面的起始点处

C. 中间截面上　　　　D. 轨迹顶点处的起止截面上

18. 创建螺纹孔时应选择（　　）轮廓类型。

A. 攻螺纹　　　　B. 钻孔

C. 间隙　　　　D. 沉孔

19.“孔”特征有六种不同的放置类型，其中图标表示（　　）放置。

A. 线性　　　　B. 直径

C. 径向　　　　D. 同轴

20. 拉伸实体特征时，当截面需从放置参考拉伸至其到达的第一个曲面时，深度选项的类型应选择（　　）。

A.“可变”　　　　B.“穿至”

C.“至下一个”　　　　D.“到参考”

21. 倒圆角的过渡位于（　　）。

A. 倒圆角段相交处　　　　B. 倒圆角段终止处

C. 倒圆角段的中心　　　　D. 倒圆角段相交或终止处

22. 当边倒角的标注形式为（　　）时，可在各曲面上与边相距 D 处创建倒角。

A. $45 \times D$　　　　B. 角度 $\times D$

C. $D \times D$　　　　D. $O \times O$

23. 如果草绘中包含一条以上的中心线，则创建的（　　）几何中心线作为旋转轴。

A. 第一条　　B. 第二条

C. 第三条　　D. 最后一条

24. 在“基准平面”对话框的“(　　)”选项中，用户可以调整基准平面的方向和设置基准平面轮廓的大小。

A. 放置　　B. 显示

C. 属性　　D. 以上都不对

25. 在创建基准平面的过程中，用户可在“基准平面”对话框的“(　　)”选项中为基准平面设置一个初始名称。

A. 放置　　B. 显示

C. 属性　　D. 以上都不对

26. 选择扫描轨迹线时，按住（　　）键可以选择形成链的多个图元。

A. Ctrl　　B. Shift

C. Alt　　D. Ctrl+Shift

27. 当阵列类型为“尺寸”、阵列方式为“(　　)”时，阵列特征的尺寸可以改变，可位于不同的放置平面内，而且各特征之间可相交。

A. 相同　　B. 相交

C. 可变　　D. 常规

三、判断题

1. 强尺寸由系统自动生成，会伴随关联尺寸的变化而变化。（　　）

2. 通过“移除材料”命令可沿拉伸移除材料，以便为实体特征创建切口或为曲面特征创建面组修剪。（　　）

3. 拉伸工具只可创建单侧特征。（　　）

4. 快捷菜单可以通过在图形窗口单击的方式来激活。（　　）

5. 使用圆锥形轮廓可以创建含任意锥度圆锥横截面的倒圆角。（　　）

6. 用于实体拉伸的开放截面可以由几个不同的轮廓组成。（　　）

7. 用于实体拉伸的闭合截面线可由封闭环或嵌套环组成，循环彼此之间不可相交。（　　）

8. 在 Creo Parametric 中可显示特征的预览状态，用户可以观察当前建模是否符合设计意图，并可返回模型进行相应修改。（　　）

9. 定义旋转轴时，只在旋转轴的一侧草绘几何，旋转轴不一定要位于截面的草绘

平面中。（ ）

10. “草绘放置点”收集器用于指定原点轨迹上的点来草绘截面，会影响扫描的起始点。（ ）

11. 基准平面是没有边界的，但可以调整其大小以拟合零件、特征、曲面、边、轴、点或顶点。（ ）

12. 基准平面的名称由系统按顺序分配，不可重命名。（ ）

13. 要移除轨迹，可用鼠标右键单击图形窗口，选择快捷菜单中的“移除”命令删除，该方法对所有轨迹均有效。（ ）

14. 存在相切参考的轨迹是不能替换或移除的。（ ）

15. 创建平行混合特征时，每个投影截面都必须完全落在其所选曲面的边界之内。（ ）

16. 在定义壳时，可以选择多个曲面，但不能为它们分配不同的厚度。（ ）

17. 如果混合中的第一个截面是一个内部草绘的话，那么混合中的其余截面必须为内部草绘。（ ）

18. 抽壳操作中的壁厚不可以为负值。（ ）

19. 创建扫描混合特征时，轨迹的链起点和终点处的截面参考是固定的，在修剪轨迹时不会实时更新。（ ）

20. 当需要修改孔的几何参数时，用户可直接单击“形状”子选项卡中显示的相关尺寸进行编辑。（ ）

21. 筋的生成方向可以通过直接单击箭头来调整。（ ）

22. 当拉伸曲面特征时，“封闭端”可封闭曲面特征的每个端点。（ ）

23. 当对多条边倒圆角时，若使用“依次”链，倒圆角会沿着相切的邻边传播。（ ）

24. 当倒圆角类型为“可变”时，在选取边缘的各个端点后，可以分别指定不同的圆角半径，但不可以自行增加基准点来变更半径。（ ）

25. 如果同一个倒圆角上两个相邻倒圆角曲面的曲率被设置为彼此连续，则它们倒圆角的曲面的曲率必须彼此连续。（ ）

26. 特征的预览不在图形窗口中显示。（ ）

27. 旋转建模时，当角度选项为变量时，在按住 Ctrl 键的同时拖动控制滑块，能显示角度尺寸。（ ）

28. 创建螺旋扫描时，扫描截面不会发生变化。（ ）

29. 若用于创建扫描的截面为恒定截面，那么沿轨迹扫描时，截面不会更改其形

状，只有截面所在框架的方向会发生变化。（　　）

30. 投影平行混合能与其他曲面相交。（　　）

31. 选择扫描轨迹线时，选择的第一个链随即变成原始轨迹。（　　）

32. 用于创建混合特征的平面截面必须相互平行。（　　）

33. 镜像副本都是独立副本。（　　）

34. 创建混合特征时，草绘截面 2 的偏移距离设置方法有多种。（　　）

四、综合练习题

1. 完成图 3–1 所示实体模型的创建，并简述其创建思路。

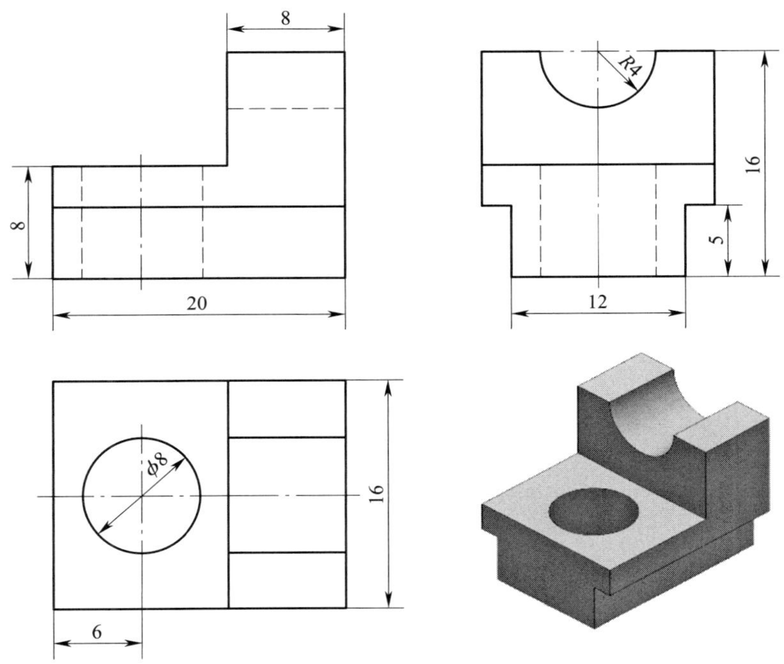

图 3–1　实体模型 1

2. 完成图 3-2 所示实体模型的创建，并简述其创建思路。

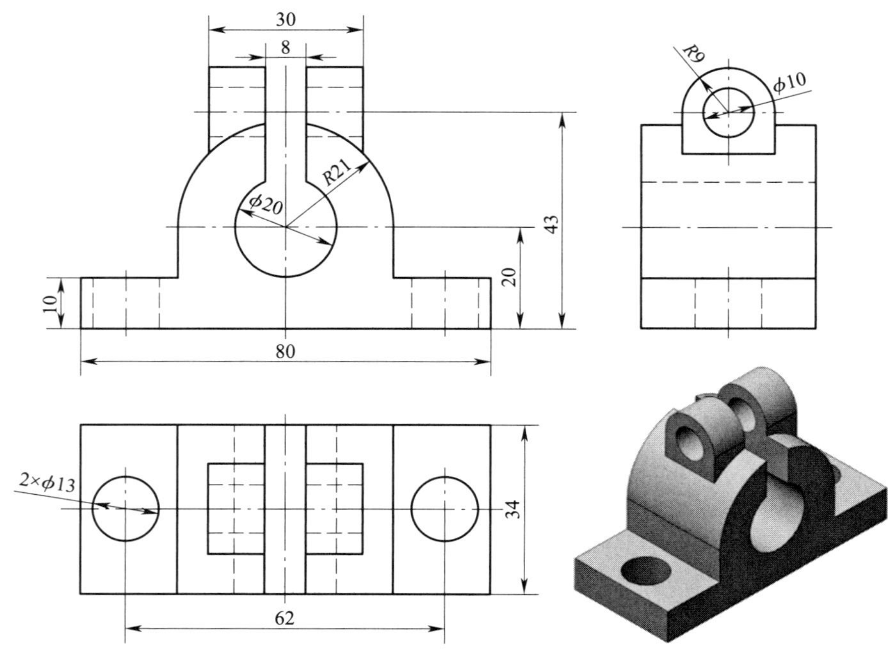

图 3-2　实体模型 2

3. 完成图 3–3 所示实体模型的创建，并简述其创建思路。

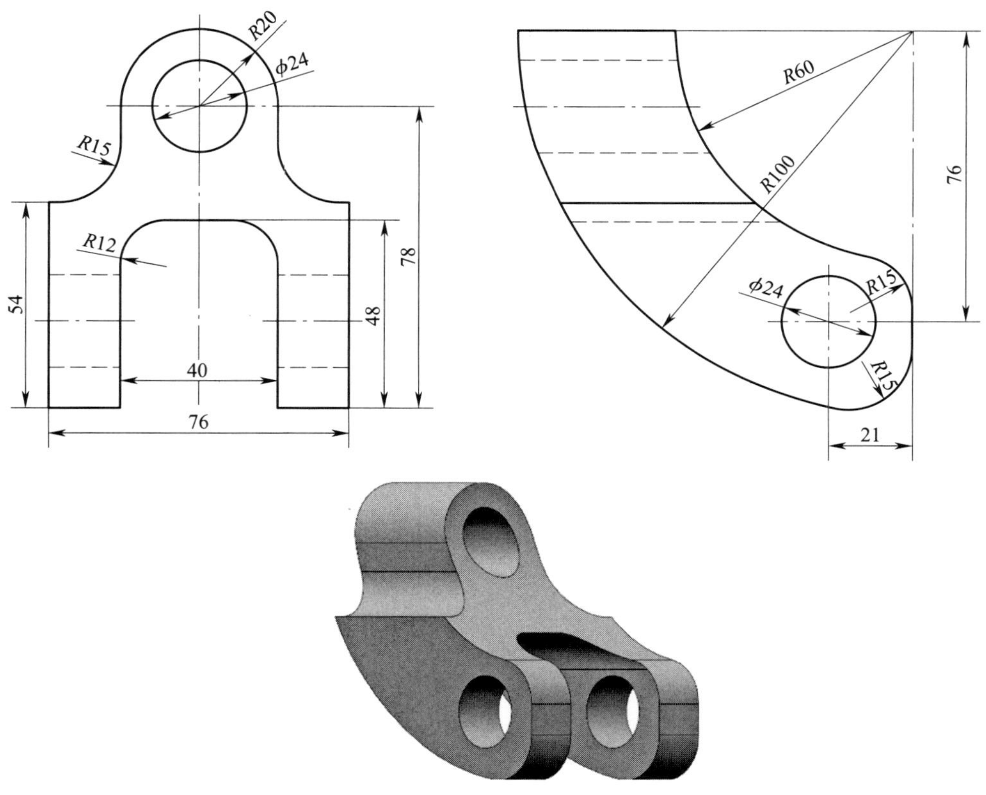

图 3–3　实体模型 3

4. 完成图 3-4 所示实体模型的创建，并简述其创建思路。

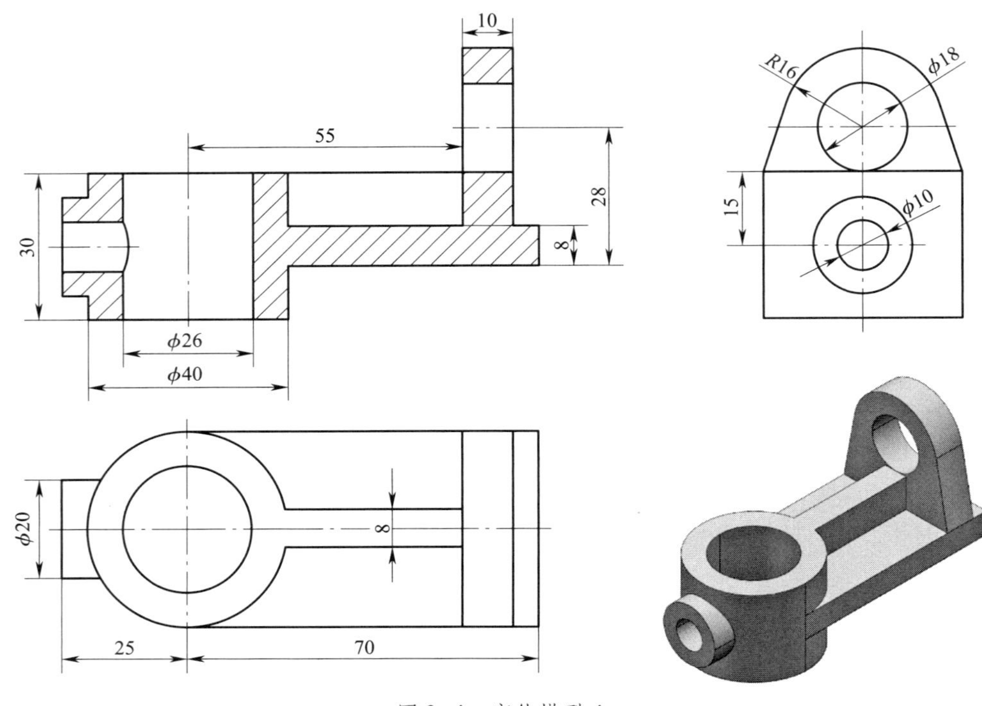

图 3-4　实体模型 4

5. 完成图 3-5 所示实体模型的创建，并简述其创建思路。

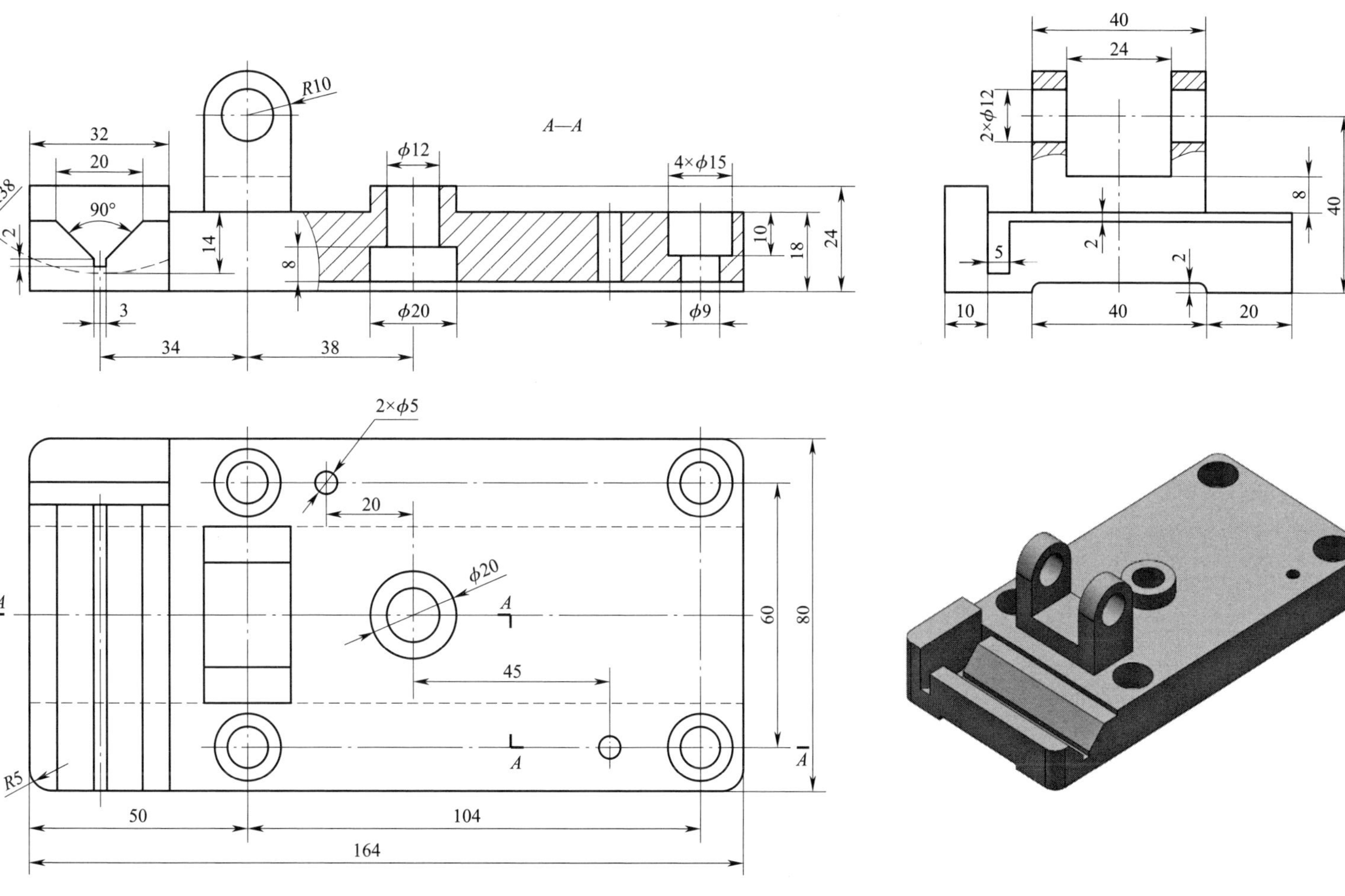

图 3-5　实体模型 5

6. 完成图 3-6 所示实体模型的创建，并简述其创建思路。

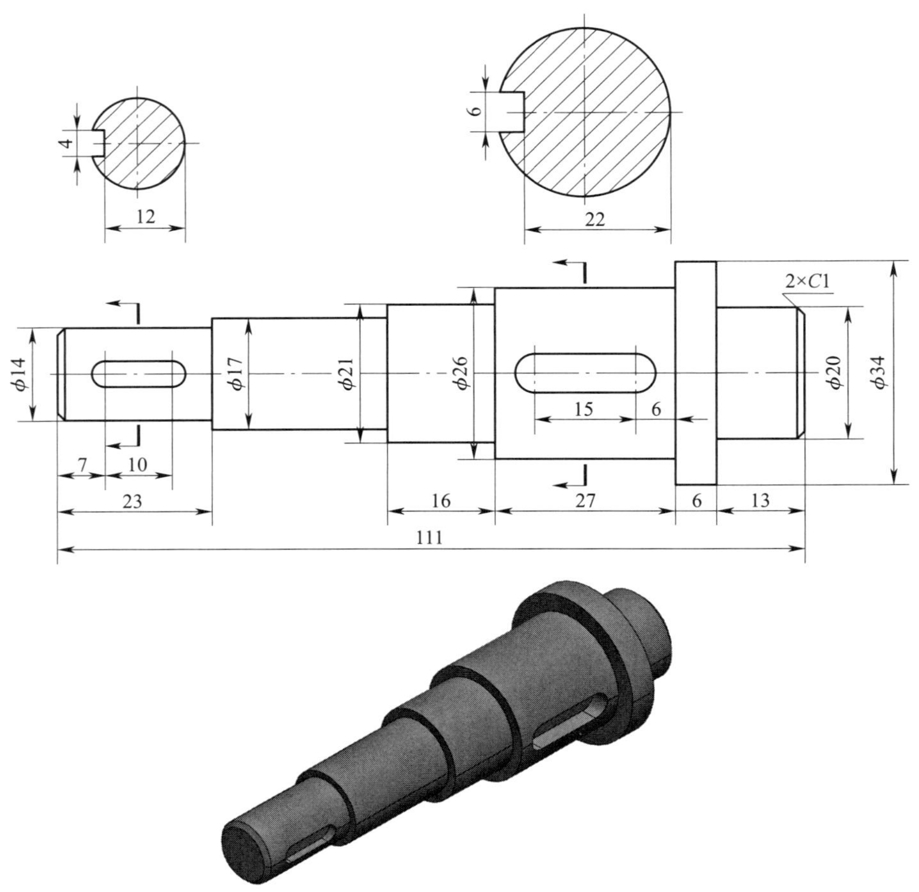

图 3-6　实体模型 6

7. 完成图 3-7 所示实体模型的创建，并简述其创建思路。

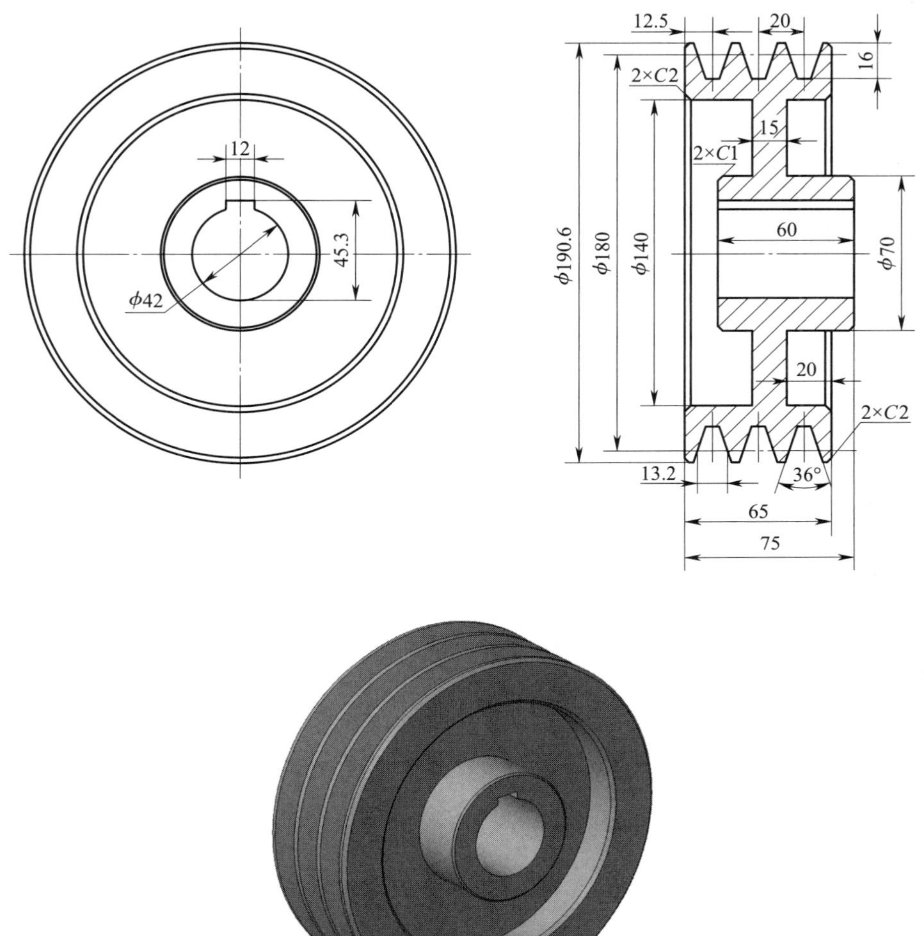

图 3-7 实体模型 7

8. 完成图 3–8 所示实体模型的创建，并简述其创建思路。

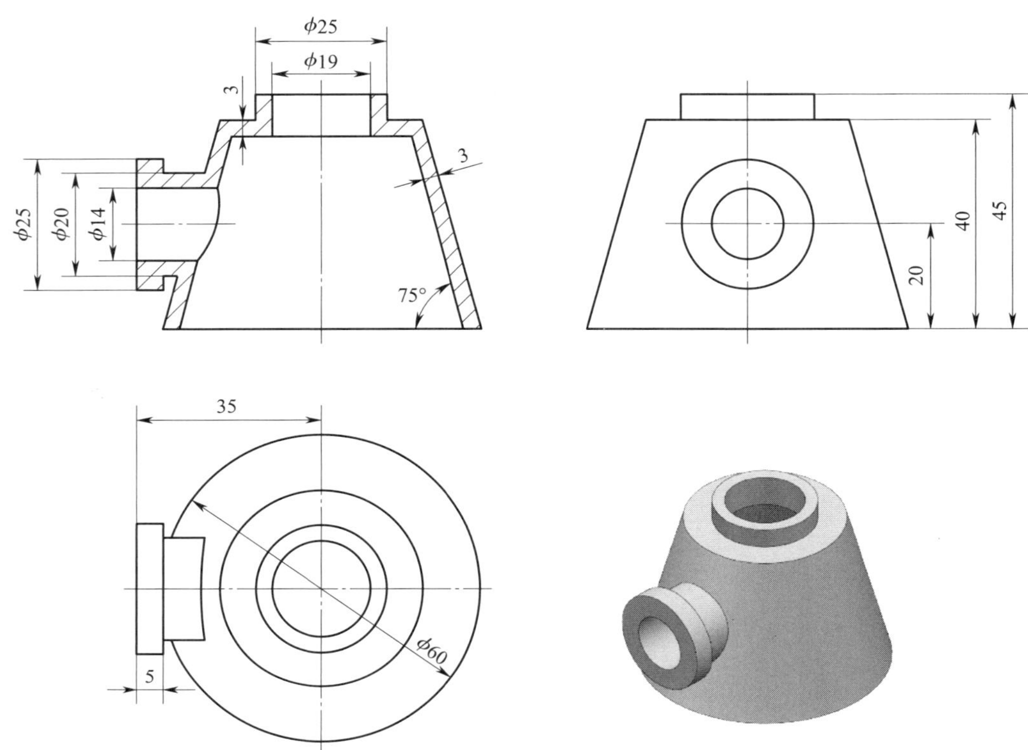

图 3–8　实体模型 8

9. 完成图 3–9 所示实体模型的创建，并简述其创建思路。

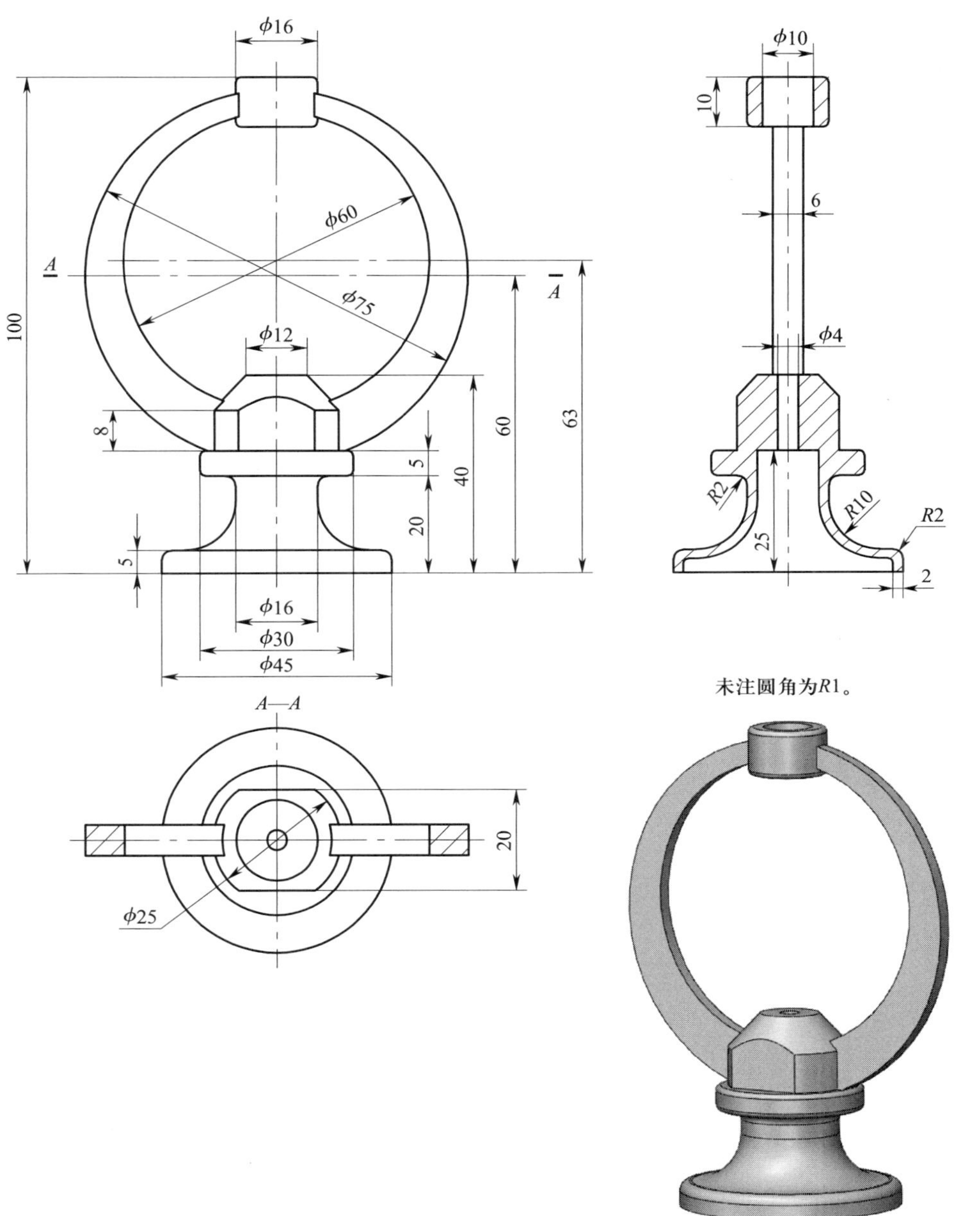

图 3–9　实体模型 9

10. 完成图 3–10 所示实体模型的创建，并简述其创建思路。

图 3–10　实体模型 10（尺寸自定）

11. 完成图 3–11 所示实体模型的创建，并简述其创建思路。

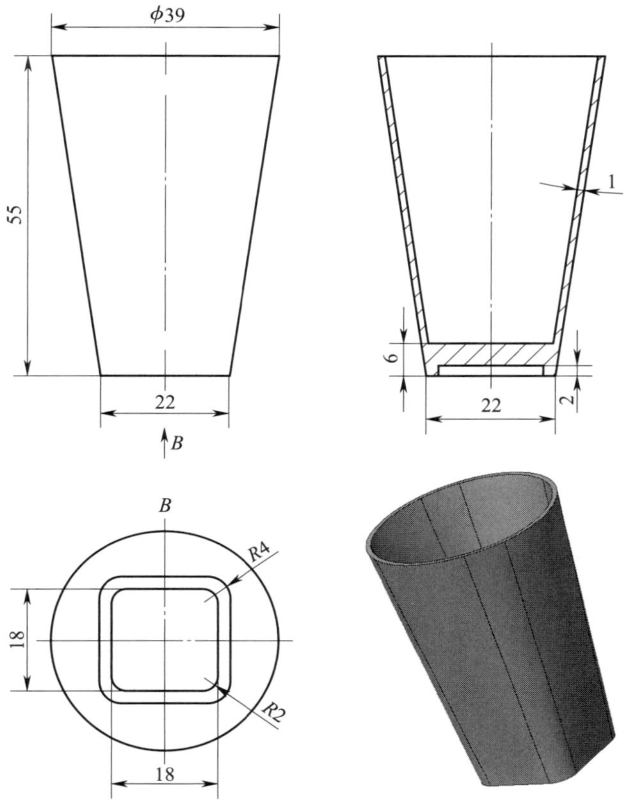

图 3–11　实体模型 11

12. 完成图 3-12 所示实体模型的创建，并简述其创建思路。

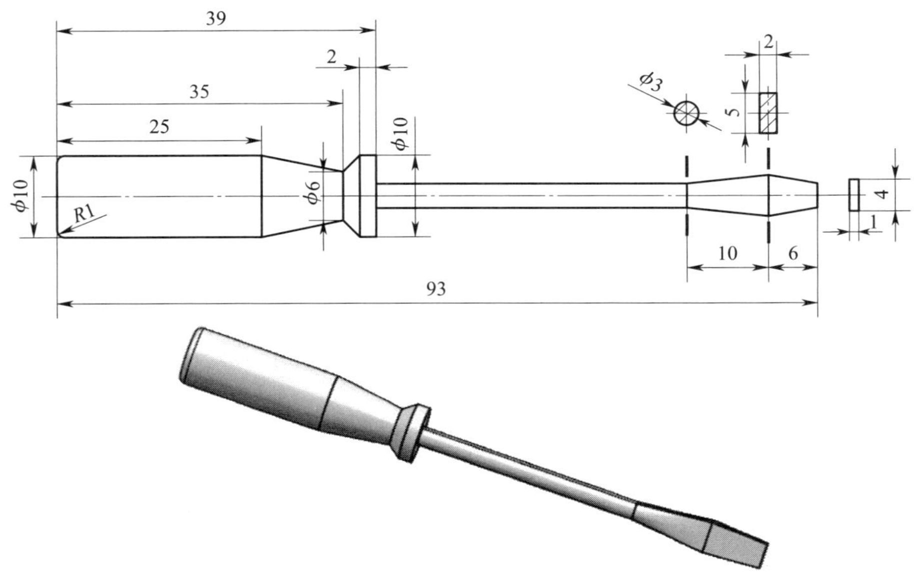

图 3-12 实体模型 12

13. 完成图 3-13 所示实体模型的创建，并简述其创建思路。

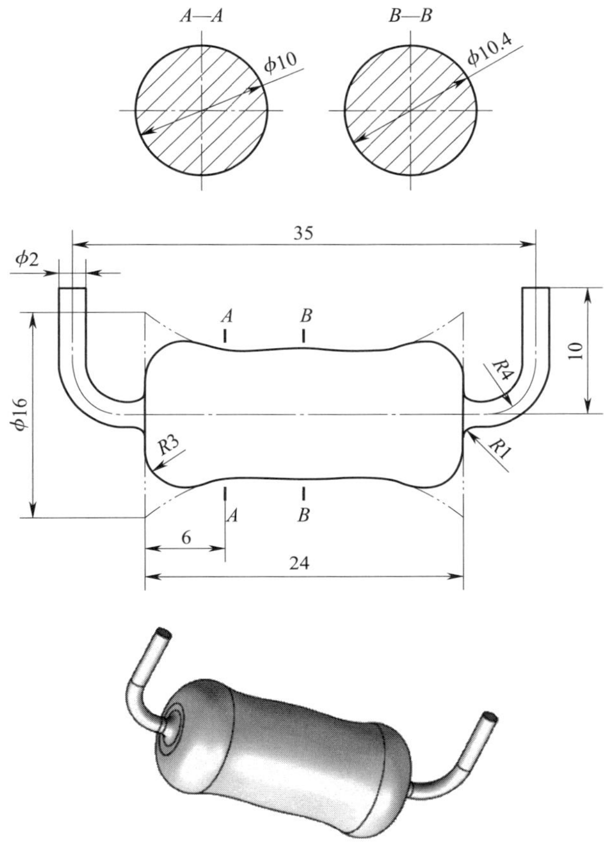

图 3-13　实体模型 13

14. 使用工程特征工具命令完成图 3-14 所示实体模型的创建，并简述其创建思路。

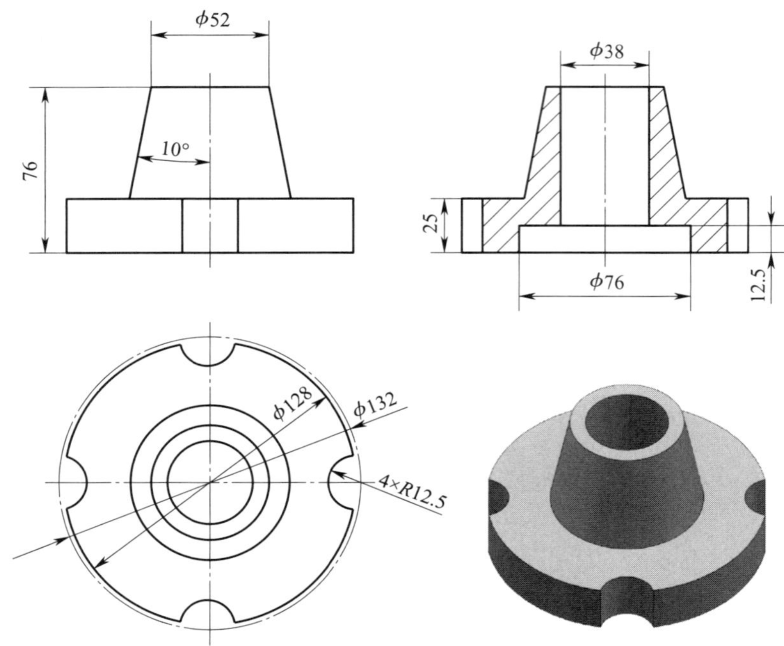

图 3-14　实体模型 14

项目四
曲面造型

一、填空题

1. 面组代表____________________________。

2. 根据运动约束条件不同，可将曲面分为__________和____________两种。

3. “合并”工具可采用让两个面组______或______的方式来合并两个面组。

4. 填充曲面操作时，从属截面的名称与其父草绘特征的名称______。

5. 创建边界混合特征时，参考图元添加得越____，用户定义的曲面形状越______。

6. 选择用于边界混合的参考图元时，如果要使用连续边或一条以上的基准曲线作为边界，可按住________来选择曲线链。

7. 参考图元的边界条件包含______、______、______、______四个选项。

8. 单击“加厚”选项卡中的“厚度”命令后的“反转方向”按钮，可在__________________________三种材料侧之间进行切换。

9. 加厚曲线控制选项有三种，分别是____________、__________和__________。

10. 草绘的投影方法有________、________和______________三种。

11. 在“样式”中，“曲面修剪”工具可以使用__________来修剪_______________，为修剪曲面而选择的曲线必须位于__________________。

12. 创建边界混合特征时，“选项”子选项卡中的________________用于控制曲面的________、不规则性或投影。

13. 与“扫描”工具中的恒定截面扫描相比，可变截面扫描的截面的____________是可以改变的。

14. 创建可变截面扫描时，____________与__________之间的约束关系会影响草绘图元在扫描过程中尺寸发生改变，从而改变截面的______。

15. trajpar 参数在 Creo 中表示__________，其值介于 0 到 1 之间，0 表示__________，1 表示__________，其在关系中作为________。

二、选择题

1. 通过（　　），可将曲面转化为实体。

A. 加厚曲面　　B. 实体化工具

C. 加厚曲面或实体化工具　　D. 以上都不对

2. 如果要合并两个以上的面组，这些面组的单侧边应具备（　　）的关系。

A. 彼此邻接　　B. 彼此不重叠

C. 彼此邻接或不重叠　　D. 彼此邻接且不重叠

3. 要预览面组的合并效果，可以通过单击“合并”选项卡上的“(　　)”按钮来查看。

A. 设置　　B. 动态预览

C. 确定　　D. 取消

4. 当“合并”两个面组的箭头指向图 4–1 所示方向时，合并结果为（　　）。

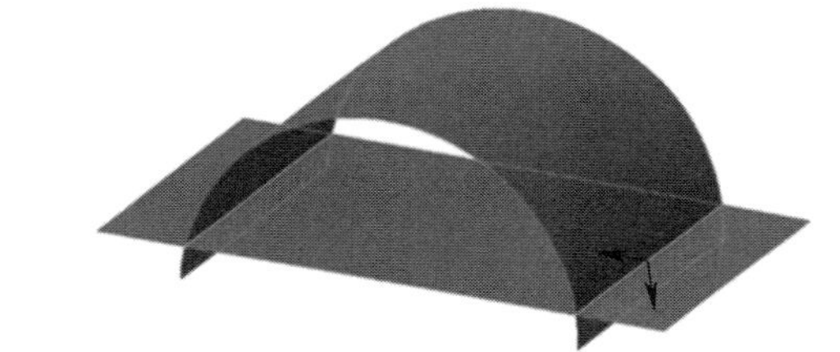

图 4–1 “合并”面组的箭头指向

A. 

B. 

C.  

D. 

5. “合并”选项卡下“参考”子选项卡中的（　　）按钮用于向上移动选择的面组。

A.　　B.

C.　　D.

6. 在曲线、零件边、基准点、曲线或边的端点这些参考图元中，（　　）只能出现在收集器的最前面或最后面。

A. 基准点　　　　B. 顶点

C. 基准点或顶点　　　　D. 以上都不对

7. 当边界条件为“（　　）”选项时，表示沿边界没有设置相切条件。

A. 自由　　　　B. 相切

C. 曲率　　　　D. 垂直

8. 创建可变截面扫描时，（　　）决定截面扫描的方向和形状变化规律。

A. 原点轨迹　　　　B. 其他轨迹

C. 其他参考　　　　D. 以上都对

9. 选择扫描轨迹时，选择的第一个链为（　　）。

A. 原点轨迹　　　　B. 其他轨迹

C. 其他参考　　　　D. 以上都对

10. 当修剪曲线时，“修剪”选项卡下“参考”子选项卡中的“修剪的曲线”收集器用于（　　）。

A. 收集要修剪的面组

B. 修剪面组的曲面、曲线、边链或平面

C. 收集要修剪的曲线

D. 修剪曲线的点、曲线或平面

11. “造型：曲面修剪”选项卡下“曲面”命令中的“修剪的部分”收集器用于（　　）。

A. 选择要保留的曲面部分　　　　B. 选择要删除的曲面部分

C. 收集要修剪的面组　　　　D. 收集修剪面组的曲线

12. 当“合并”两个面组的箭头指向图 4–2 所示方向时，合并结果为（　　）。

图 4–2 “合并”面组的箭头指向

A.

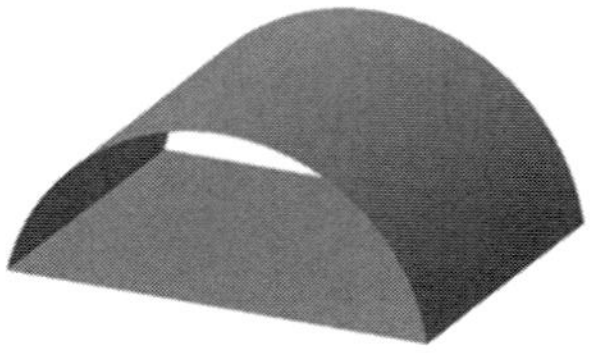

B.

C.

D.

13. 创建填充特征时，当有效草绘截面为从属截面时，“草绘”收集器后的“(　　)”按钮用于中断从属截面与父草绘特征之间的关联性。

A. 定义　　B. 编辑

C. 断开链接　　D. 以上都不对

14. 在“边界混合”选项卡中，“(　　)”子选项卡用于设置和定义边界条件。

A. 曲线　　B. 约束

C. 控制点　　D. 选项

15. 创建边界混合特征时，为了得到较平滑的曲面形状，避免曲面不必要的扭曲和拉伸，用户可在“(　　)”子选项卡中清除不必要的小曲面和多余边。

A. 曲线　　B. 约束

C. 控制点　　D. 选项

16. 在(　　)的情况下，自然和弧长这两个“拟合”控制参数选项之间可能不存在直观差异。

A. 曲线是直线　　B. 曲线是弧

C. 曲线参数化接近弧长　　D. 以上都对

17. 当加厚类型为“移除材料”时，“(　　)”子选项卡用于从主体切割几何。

A. 参考　　B. 选项

C. 主体选项　　D. 属性

三、判断题

1. 曲面造型只可用于创建曲面。　　(　　)

2. “相交”的曲面合并方式仅用于一个面组的边位于另一个面组的曲面上的情况。　　(　　)

3. “合并”工具可合并两个以上的面组。　　(　　)

4. 在“装配”模式下，只可合并装配级面组。（　　）

5. 填充曲面仅用于创建有封闭边界的平整曲面特征。（　　）

6. 用于填充的独立截面的名称由系统分配，且名称唯一。（　　）

7. 利用“边界混合”工具创建特征时，参考图元只有一个方向。（　　）

8. 选择用于边界混合的参考图元时，每个方向上都必须按连续的顺序选择参考图元，且顺序排列唯一。（　　）

9. 对于在两个方向上定义的混合曲面，其外部边界不一定要相交。（　　）

10. 如果设置了边界条件为“垂直”，并且边界由草绘曲线组成，则参考图元被设置为草绘平面，且边界自动具有与曲线相同的参考平面。（　　）

11. 创建边界混合特征时，曲线上的基准点不可选为控制点的点。（　　）

12. 对闭合的面组不能进行加厚操作。（　　）

13. 创建“加厚”特征时，“面组”收集器一次可接受多个有效曲面或面组参考。（　　）

14. “加厚”特征不可执行阵列、修改和编辑参考等特征操作。（　　）

15. 创建可变截面扫描时，选择轨迹可以在进入“扫描”工具前，也可以在进入“扫描”工具后。（　　）

16. 修剪面组时，只可在该面组与其他面组相交处修剪。（　　）

17. 修剪面组或曲线时，可根据需求指定要保留的部分。（　　）

18. 被修剪面组部分可以保留或删除，在默认情况下为删除。（　　）

19. 一个零件只包含一个面组，可使用曲面造型工具创建或处理面组。（　　）

20. 曲面是没有厚度的。（　　）

21. 选择面组时，默认选取的第一个面组为主面组，合并生成的面组会继承主面组的 ID。（　　）

22. “边界混合”选项卡下“曲线”子选项卡中的“闭合混合”复选框适用于收集两个方向线链的情况。（　　）

23. 创建可变截面扫描时，框架决定了草绘沿原点轨迹移动时的方向。（　　）

24. 选择用于创建可变截面的扫描轨迹时，轨迹只能有一条。（　　）

四、综合练习题

1. 完成图 4-3 所示片体模型的创建。

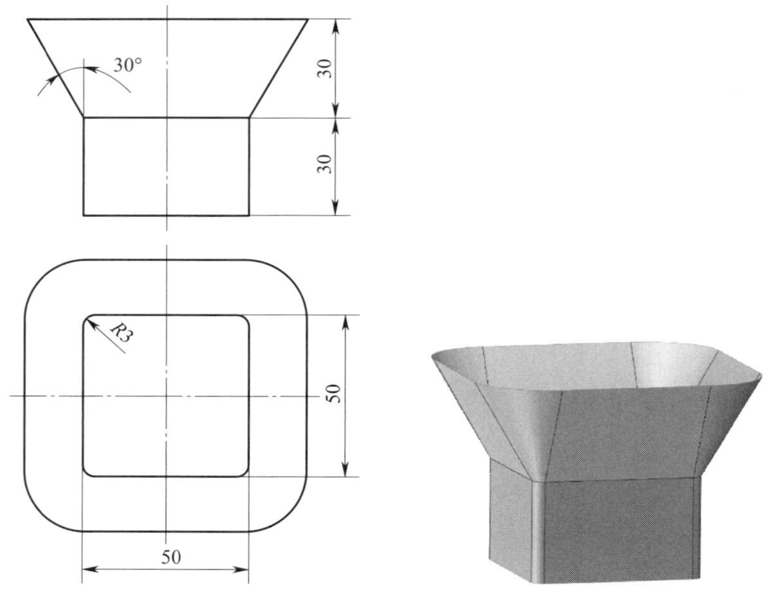

图 4-3 片体模型 1

回顾操作过程，回答下列问题。

（1）该片体模型可分为哪几个部分？各部分分别采用哪些曲面命令来创建？

（2）简述其创建思路。

2. 完成图 4–4 所示片体模型的创建。

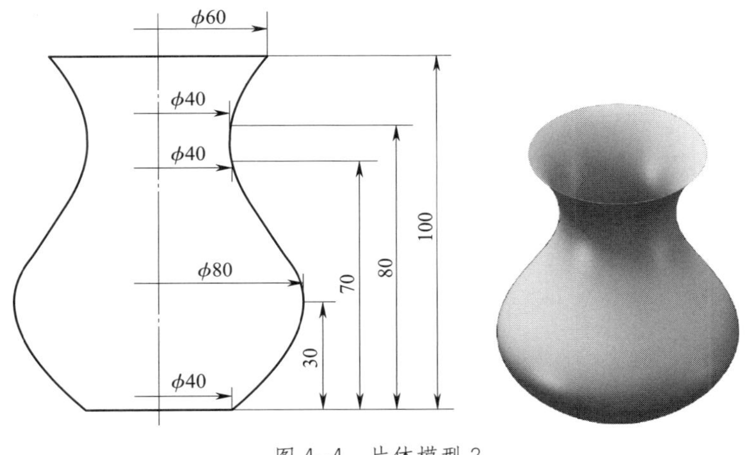

图 4–4　片体模型 2

回顾操作过程，回答下列问题。

（1）该片体模型可采用哪些曲面命令来创建？

（2）简单绘制创建过程中所需截面的形状。

3. 完成图 4-5 所示片体模型的创建。

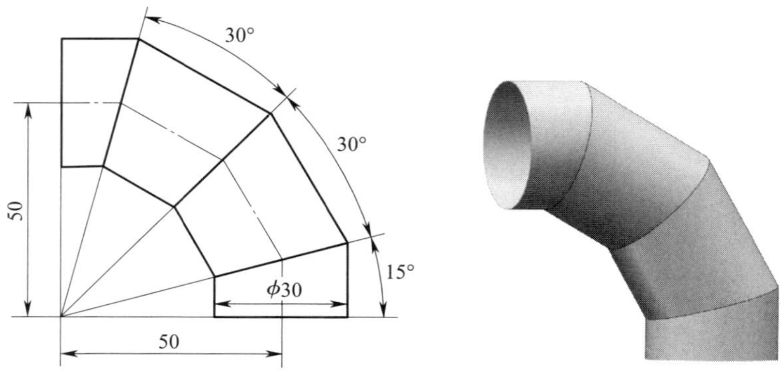

图 4-5　片体模型 3

回顾操作过程，回答下列问题。

（1）该片体模型可采用哪些曲面命令来创建？

（2）简单绘制创建过程中所需截面和引导线的形状。

4. 完成图 4–6 所示片体模型的创建。

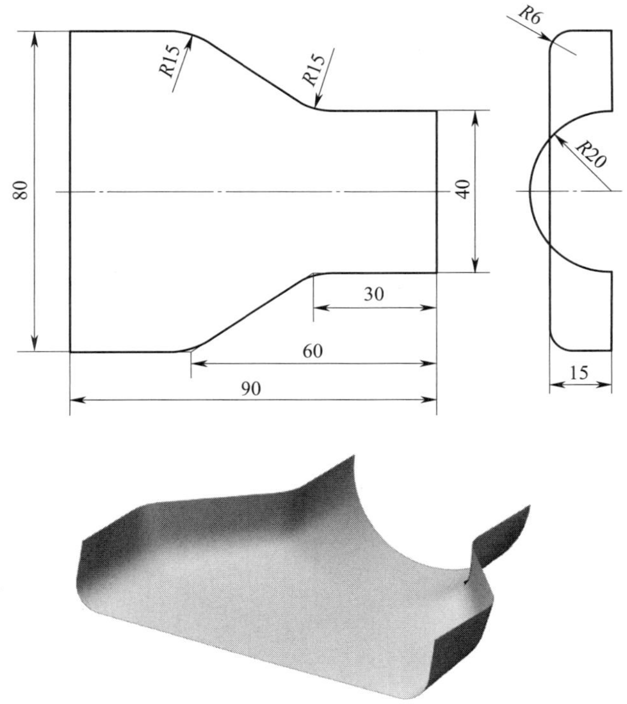

图 4–6　片体模型 4

回顾操作过程，回答下列问题。

（1）该片体模型可采用哪些曲面命令来创建？

（2）创建该曲面时需要用到哪些截面？简单绘制各截面的形状。

5. 完成图 4–7 所示片体模型的创建。

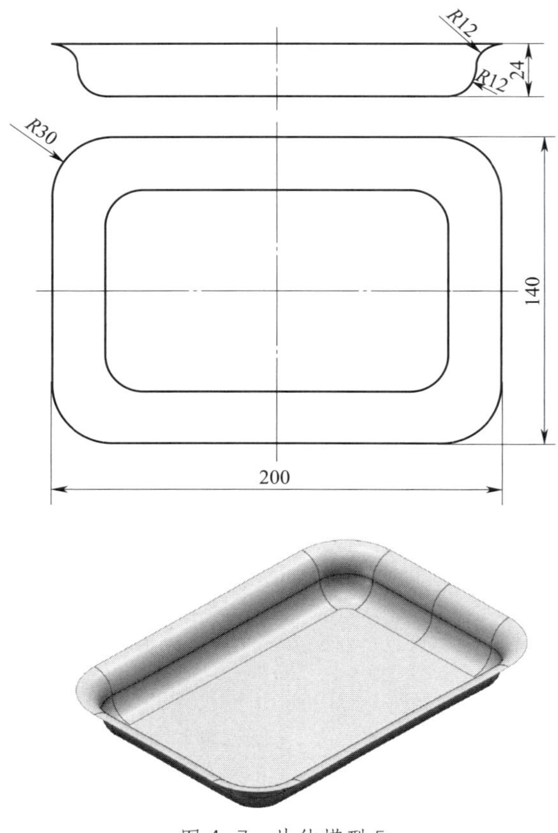

图 4–7 片体模型 5

回顾操作过程，回答下列问题。

（1）该片体模型可采用哪些曲面命令来创建?

（2）简述创建该片体模型的思路。

6. 完成图 4–8 所示片体模型的创建。

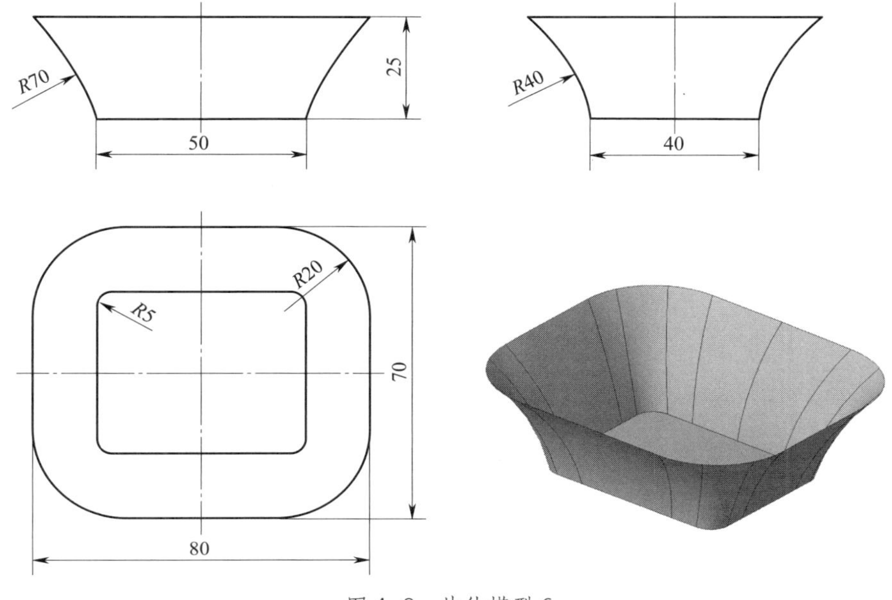

图 4–8　片体模型 6

回顾操作过程，回答下列问题。

（1）该片体模型可采用哪些曲面命令来创建？

（2）简述创建该片体模型的思路。

7. 完成图 4-9 所示实体模型 1 的创建，并简述其创建思路。

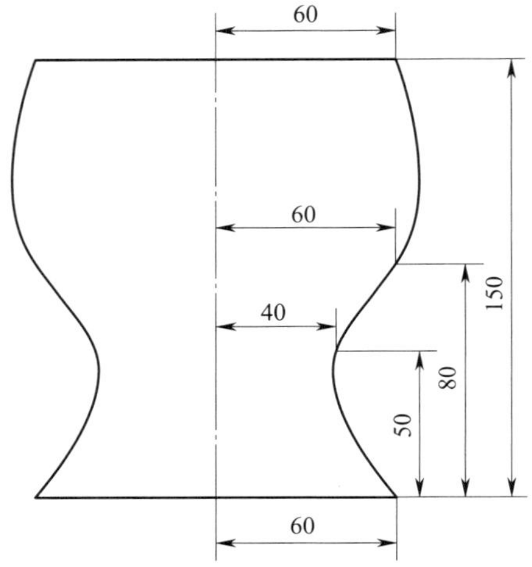

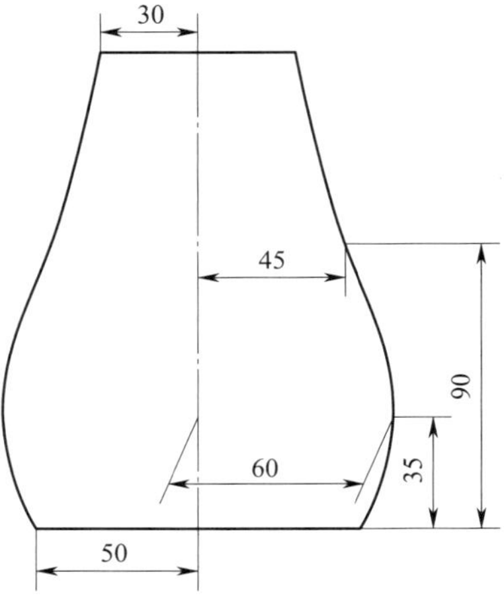

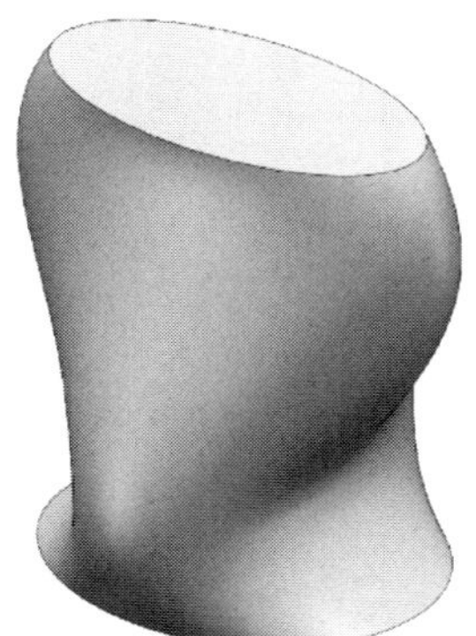

图 4-9 实体模型 1

8. 完成图 4–10 所示实体模型 2 的创建。

图 4–10　实体模型 2（尺寸自定）

回顾操作过程，回答下列问题。

（1）该实体模型可采用哪些曲面命令来创建?

（2）简述创建该实体模型的思路。

9. 完成图 4–11 所示实体模型的创建。

图 4–11　实体模型 3（尺寸自定）

回顾操作过程，回答下列问题。

（1）该实体模型可采用哪些曲面命令来创建？

（2）简单绘制创建过程中所需截面的形状。

项目五
零部件装配

一、填空题

1. 多个______________通过一定的__________建立联系，组成一个____________，这个过程称为装配。

2. 组装好的元件可通过______、______或______约束关系来重新定义其位置。

3. “元件放置”选项卡中“放置”子选项卡的界面包含____________和 ____________两个区域。

4. “允许假设”复选框决定____________________。

5. 运动类型有__________、______、______和______四种。

6. 元件在空间存在六个自由度：三个____________和三个____________。

7. 安装带有螺纹的螺母或者螺栓时，可添加零件的____________，以便于安装。

8. 爆炸视图能更清晰地反映元件的__________和______。

9. “分解工具”选项卡包含______、______和________三种运动类型。

10. 选择一个或多个要分解的元件时，元件上会出现______________。

二、选择题

1. 在下列选项中，(　　) 不是装配添加元件的方法。

A. 使用预定义的元件接口自动或手动组装元件

B. 直接将元件粘贴到装配文件中

C. 在“装配”中直接创建零件或子装配

D. 指定元件位置，采用参数方式组装该元件

2. 在“移动”子选项卡中包含四种运动类型，其中（　　）为默认值。

A. 定向模式　　B. 平移

C. 旋转　　D. 调整

3. 在“元件放置”选项卡的“移动”子选项卡中，“参考”收集器可最多收集（　　）个元件运动的参考。

A. 四　　B. 三

C. 两　　D. 一

4. 当装配约束类型为（　　）时，可使元件参考偏离装配参考一定距离。

A. 距离　　B. 角度偏移

C. 平行　　D. 共面

5. 当装配约束类型为（　　）时，可定位两种不同类型的参考，使其彼此相对，其接触点为切点。

A. 距离　　B. 重合

C. 共面　　D. 相切

6. 在创建爆炸图时，如果要设置元件的分解位置，可单击“视图管理器”对话框中“分解”选项卡“属性”区域的工具命令图标（　　）。

A.　　B.

C.　　D.

7. 在装配元件时，用户可在“元件放置”选项卡的“（　　）”子选项卡中设置运动类型和运动参考。

A. 放置　　B. 移动

C. 属性　　D. 选项

8. 在下列装配约束类型的图标中，“固定”约束的图标为（　　）。

A.　　B.

C.　　D.

9. 在下列装配约束类型的图标中，“共面”约束的图标为（　　）。

A.　　B.

C.　　D.

10. 在下列装配约束类型的图标中，“居中”约束的图标为（　　）。

A.　　B.

C.　　　　　　　　　　　　　　　　D.

11. 在下列分解运动类型的图标中，“平移”运动的图标为（　　）。

A.　　　　　　　　　　　　　　　　B.

C.　　　　　　　　　　　　　　　　D.

三、判断题

1. 在装配中，元件的放置决定于定义的所有集中的约束。（　　）

2. 如果来自某一集的约束与另一集中的约束相冲突，则放置状况变为无效，必须重新定义、禁用或移除约束直到放置状况变为有效。（　　）

3. 在任何情况下均可查看“放置”文件夹。（　　）

4. 在默认情况下，未分解视图与分解视图之间以动画形式过渡。（　　）

5. 关闭分解视图时，将删除与元件分解位置有关的信息。（　　）

6. 选择一个或多个要分解的元件时，元件上会出现拖动控制滑块，可同时实现平移和旋转运动。（　　）

7. 要移除装配中的元件时，只能直接删除该元件。（　　）

8. 在用户定义的约束集中存在预定义约束。（　　）

9. 约束集在“模型树”的“放置”文件夹中显示。（　　）

10. 组件的爆炸视图会更改设计目的及组装元件之间的实际距离。（　　）

四、综合练习题

1. 完成图 5–1 所示机用虎钳的装配，并创建图 5–2 所示爆炸图。认真识读装配图，列出机用虎钳的装配顺序。

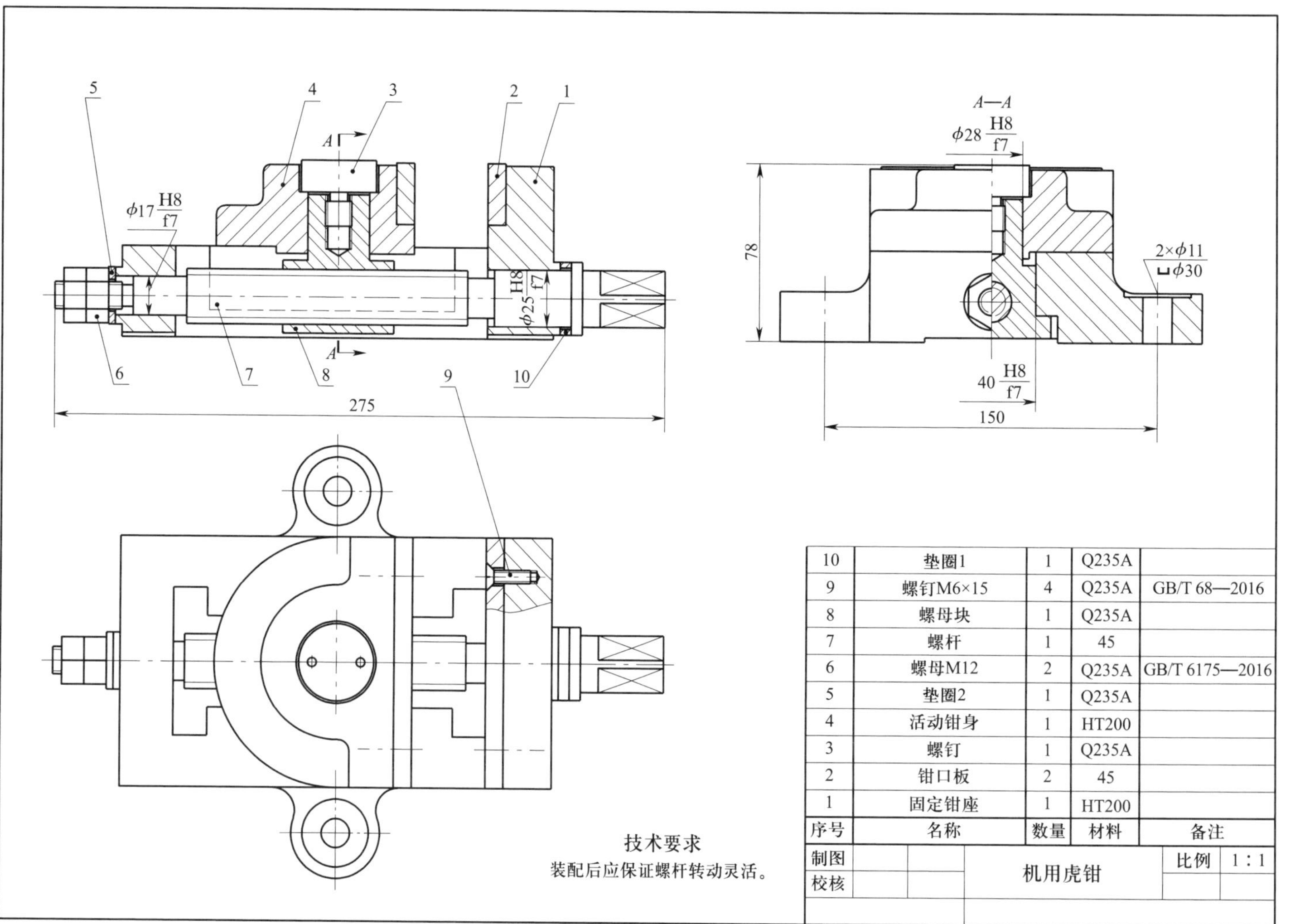

序号	名称	数量	材料	备注
10	垫圈1	1	Q235A	
9	螺钉M6×15	4	Q235A	GB/T 68—2016
8	螺母块	1	Q235A	
7	螺杆	1	45	
6	螺母M12	2	Q235A	GB/T 6175—2016
5	垫圈2	1	Q235A	
4	活动钳身	1	HT200	
3	螺钉	1	Q235A	
2	钳口板	2	45	
1	固定钳座	1	HT200	

制图		机用虎钳	比例	1:1
校核				

图 5-1 机用虎钳装配图

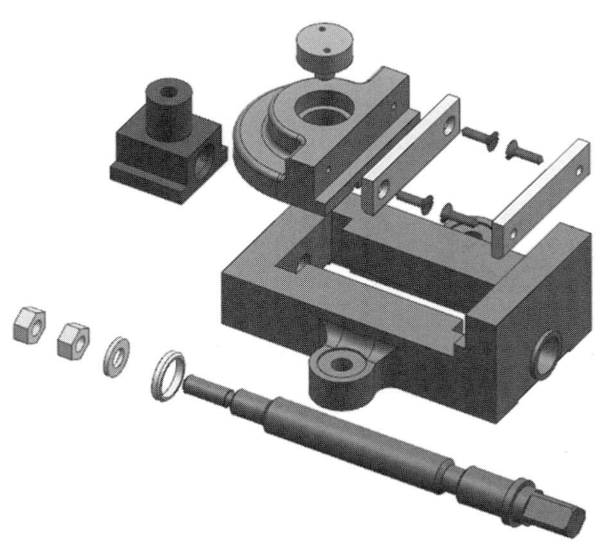

图 5-2　机用虎钳爆炸图

2. 完成图 5-3 所示万向节机构的装配，并创建图 5-4 所示爆炸图。认真识读装配图，列出万向节机构的装配顺序。

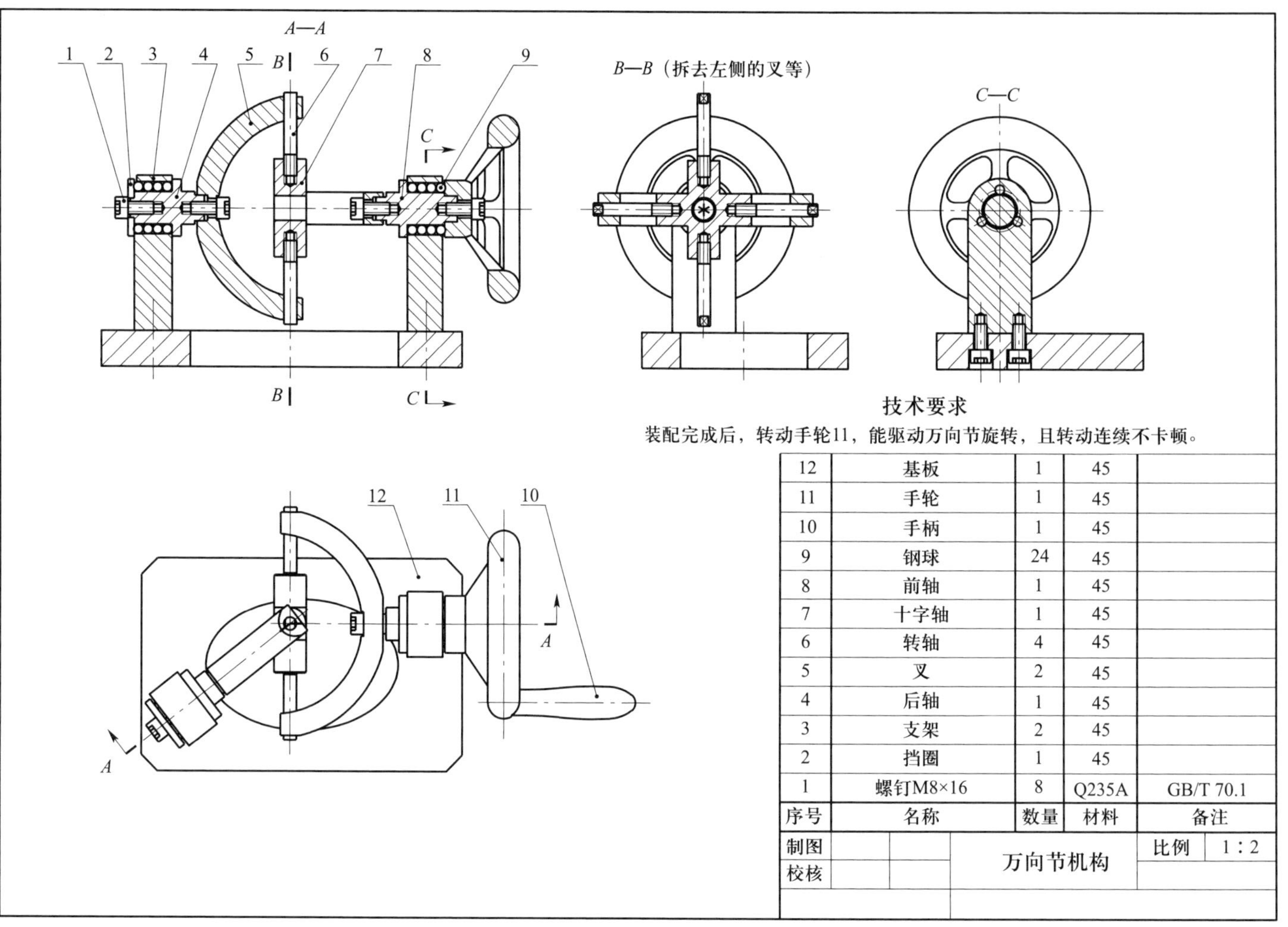

序号	名称	数量	材料	备注
12	基板	1	45	
11	手轮	1	45	
10	手柄	1	45	
9	钢球	24	45	
8	前轴	1	45	
7	十字轴	1	45	
6	转轴	4	45	
5	叉	2	45	
4	后轴	1	45	
3	支架	2	45	
2	挡圈	1	45	
1	螺钉M8×16	8	Q235A	GB/T 70.1

制图		万向节机构	比例	1：2
校核				

图 5-3　万向节机构装配图

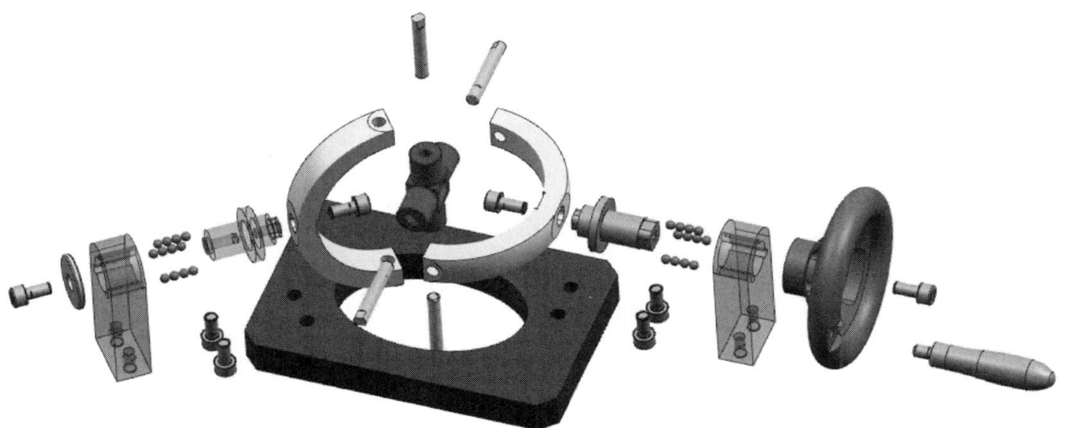

图 5-4　万向节机构爆炸图

项目六
机构运动仿真

一、填空题

1. 机构运动仿真的创建过程包含＿＿＿＿＿＿、＿＿＿＿＿＿、＿＿＿＿＿＿＿＿、＿＿＿＿＿、＿＿＿＿和＿＿＿＿六个部分。

2. 在进入“机构”模式进行运动仿真和分析前，需在＿＿＿模式完成各元件间的＿＿＿＿＿＿。

3. “机构”选项卡的“＿＿＿”组可使用相关命令创建机构的连接，“＿＿＿”组可使用相关命令配置机构上的力。

4. 电动机的运动类型有＿＿＿、＿＿＿和＿＿三种。

5. 设置电动机函数时，＿＿＿＿＿和＿＿＿＿＿两个选项的选择会直接影响电动机的运动情况。

6. “机构”选项卡下的“配置文件详情”子选项卡用于设置电动机的＿＿＿＿＿、＿＿＿＿＿、＿＿＿＿＿、＿＿＿＿＿和图形显示，图形显示可在“图表工具”窗口中显示＿＿＿＿＿＿。

7. 机构分析包含＿＿＿＿＿、＿＿＿＿＿＿、＿＿＿＿、＿＿＿＿和＿＿＿＿＿＿。

8. 齿轮传动能够按＿＿＿＿＿＿平稳地传递运动和动力。

9. 齿轮副连接的类型包含＿＿＿、＿＿、＿＿、＿＿＿、＿＿＿＿＿＿＿五种。

10. 创建带时，需要定义＿＿＿＿＿＿＿和＿＿＿＿＿＿＿。

11. 回放文件的扩展名为＿＿＿。

12. “动画”对话框中的各选项均能控制＿＿＿＿＿＿＿。

13. ＿＿＿＿＿可以准确实现各种复杂的运动要求，结构简单、紧凑。

14. 骨架模型是预先确定的元件结构框架，有＿＿＿＿＿＿＿和＿＿＿＿＿＿＿＿

两种类型。

15. 在“运动轴”对话框中可编辑__________的当前位置、启用重新生成值和限制________________等。

16. 由于通用齿轮副被视为速度约束，而且并非基于模型几何，因此，可直接指定________，并且可更改____________。

17. 在设计流程开始时，创建骨架模型可以用来定义______、______、__________、______和______。

二、选择题

1. 在创建装配模型阶段不需要定义（　　）。

A. 约束与连接　　B. 运动轴设置

C. 伺服电动机和执行电动机　　D. 质量属性

2. 在下列选项中，（　　）不是机构的建模图元。

A. 齿轮或凸轮　　B. 伺服电动机或执行电动机

C. 弹簧或阻尼器　　D. 力或扭矩

3. 装配时，当两个元件之间不允许任何移动时，需选用（　　）元件连接类型。

A. 刚性　　B. 销

C. 滑块　　D. 圆柱

4. 装配时，当两个元件之间仅需实现相对旋转运动时，通常选用（　　）元件连接类型。

A. 刚性　　B. 销

C. 滑块　　D. 圆柱

5. 装配时，当某个元件需实现沿一条非直线轨迹移动时，通常选用（　　）元件连接类型。

A. 滑块　　B. 圆柱

C. 万向节　　D. 槽

6. 进入“机构”模式后，用户可单击“信息”组中的“（　　）”命令查询模型中元件的密度、体积、质量、重心和惯量。

A. 汇总　　B. 质量属性

C. 机构显示　　D. 详细信息

7. 分析完机构运动后，可通过单击“分析”组中的“（　　）”命令查看测量分析结果。

A. 机构分析　　　　B. 回放

C. 测量　　　　D. 轨迹曲线

8. 在机构分析中，（　　）分析可确定机构能否在采用的伺服电动机和连接要求下进行组装。

A. 位置　　　　B. 运动学

C. 动态　　　　D. 静态

9. 在机构分析中，（　　）分析可研究作用在已达到平衡状态的刚性主体上的力。

A. 位置　　　　B. 运动学

C. 动态　　　　D. 静态

10. 在“凸轮从动机构连接定义”对话框中的“属性”选项卡中不可以设置（　　）。

A. 启用升离　　　　B. 启用摩擦

C. 深度值　　　　D. 平滑化凸轮曲线

11. 在创建机构运动仿真的准备分析阶段不可以（　　）。

A. 定义初始条件　　　　B. 定义初始位置快照

C. 创建测量　　　　D. 创建轨迹曲线

12. 在下列元件连接类型的图标中，“圆柱”连接的图标为（　　）。

A.　　B.　　C.　　D.

13. 在下列元件连接类型的图标中，“焊缝”连接的图标为（　　）。

A.　　B.　　C.　　D.

14. 在下列元件连接类型的图标中，“球”连接的图标为（　　）。

A.　　B.　　C.　　D.

15. “伺服电动机”命令的图标为（　　）。

A. 　　B.　　C. 　　D.

16. 设置电动机函数时，选择“驱动数量”选项中的（　　）类型后，用户可以根据选定图元的位置定义伺服电动机运动。

A. “位置”　　B. “速度”　　C. “加速度”　　D. “力”

17. 设置电动机函数时，用户需要模拟凸轮轮廓输出，需选择“函数类型”为（　　）类型。

A. “常量”　　B. “斜坡”　　C. “余弦”　　D. “摆线”

18. 当测量类型为“连接反作用”时，用户可测量（　　）处的反作用力和力矩。

A. 接头连接　　　　　　　　　　B. 齿轮副连接

C. 凸轮从动机构或槽从动机构连接　　D. 以上都对

19. 将（　　）配置选项设置为“yes”时，装配中可以创建多个标准骨架。

A.“drawing_text_color”

B.“multiple_skeletons_allowed”

C.“default_lindim_text_orientation”

D.“arrow_style”

三、判断题

1.“Creo Parametric”所配置的机构模式能分析机构运动，测量几何图元和连接的位置、速度以及加速度。（　　）

2. 在检查装配模型阶段主要检查模型是否装配完整。（　　）

3. Creo 8.0 软件可创建任何测量。（　　）

4.“机构树”出现在常规“模型树”的上方。（　　）

5. 使用具有多个连接或电动机的大型模型时，从“机构树”中寻找指定的连接或电动机往往要比从模型中寻找容易得多。（　　）

6. 通用齿轮副是一种只可在旋转轴组合上创建的齿轮。（　　）

7. 通用齿轮副连接不能约束由轴连接的刚性主体的相对空间方位。（　　）

8. 螺旋角为正表示为左手螺旋。（　　）

9. 滑轮是一种在其周边有槽的轮盘，线缆或带沿着该槽运行，并将滑轮连接到下一个滑轮。（　　）

10. 勾选“捕获”对话框中的“渲染帧”复选框能够提高导出动画的渲染效果。（　　）

11. 只有在创建其他元件之前创建或插入标准骨架，系统才会将新创建的骨架作为第一个元件插入。（　　）

12. 在装配中可创建或插入多个运动骨架。（　　）

13. 创建凸轮从动机构连接前，需定义特定的凸轮几何。（　　）

14. 凸轮从动机构连接能够防止凸轮倾斜。（　　）

15. 在“图表工具”窗口中定义表轮廓时，可以修改和显示与插值点数有关的设置。（　　）

16. 每个凸轮只能有一个从动机构。（　　）

四、综合练习题

1. 完成图 6–1 所示单缸引擎模型的组装，并创建运动仿真。已知手柄转动速度为 270 deg/s，试测量活塞的运动速度。

图 6–1　单缸引擎模型

回顾操作过程，回答下列问题。

（1）组装单缸引擎模型时要用到哪些连接类型？分别用在哪些零件之间？

（2）伺服电动机应设置在哪个连接上？

2. 完成图 6–2 所示风扇模型的组装，并创建运动仿真。风扇转动速度自定，导出仿真运动动画。

图 6–2　风扇模型

回顾操作过程，回答下列问题。

（1）组装风扇模型时要用到哪些连接类型？分别设置在哪些零件之间？

（2）仿真风扇模型运动要用到几个伺服电动机？分别设置在哪些连接上？

（3）导出仿真运动动画的步骤有哪些？

3. 完成图 6–3 所示往复运动机构模型的运动仿真，已知小齿轮为主动轮，转速为 90 deg/s，观察十字架零件的运动规律，测量其水平移动速度，并导出仿真运动动画。

图 6-3　往复运动机构模型

回顾操作过程，回答下列问题。

（1）组装往复运动机构时，要用到哪些连接类型？分别用在哪些零件之间？

（2）齿轮传动的传动比为____________。

（3）伺服电动机应设置在哪个连接上？

（4）简单绘制十字架零件的水平移动速度曲线。

4. 完成图 6–4 所示空间齿轮系模型的运动仿真。已知最左侧小锥齿轮为主动轮，转速为 50 deg/s，第一级传动比为 1.5，第二级传动比为 2/3，第三级传动比为 1，试测量输出直齿圆柱齿轮的转动速度，并导出仿真运动动画。

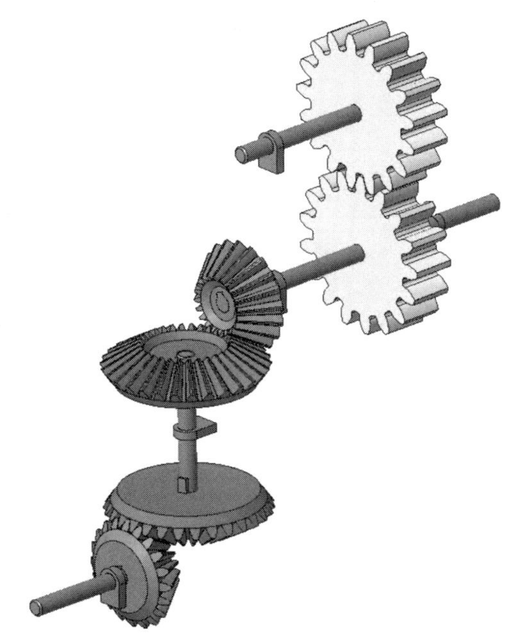

图 6–4　空间齿轮系模型

回顾操作过程，回答下列问题。

（1）组装空间齿轮系时，要用到哪些连接类型？分别用在哪些零件之间？

（2）伺服电动机应设置在哪个连接上？

（3）输出直齿圆柱齿轮的转动速度为__________。

项目七 工程图绘制

一、填空题

1. ____________是更新为新绘图参数和尺寸数值的注解。

2. 创建视图时，一般先创建__________为主视图，再创建__________。当部分细节无法表达清楚时，可创建______、________等。

3. 工程图的标注包含__________、__________、________________和注解等。

4. ________是活动绘图中绘图项的结构化列表。

5. 从动尺寸具有______________。

6. 视图定向方法主要有____________________、____________和____三种。

7. 视图可见区域按________、________、_____________和___________四种方式定义。

8. 比例定义类型有三种，分别为__________、____________和________。

9. 视图显示样式有__________、______、隐藏线、______、______和带边着色六种。

10. 创建投影视图的方法为__________。

11. “配置文件”选项控制零件和装配的__________，而“详细信息”选项会向细节设计环境添加__________。

12. 选中几何公差后，可通过__________________来改变几何公差的位置，实现与尺寸线对齐。

13. 合并两个单元格时，单击鼠标______可退出“合并单元格”命令。

14. “添加列”操作时，要拾取________，拾取其他位置则无效。

15. 绘图模板能基于模板自动创建视图、______________________、创建捕捉线和

________________。

16. 绘图表是具有____和____的栅格，栅格的____________、______和______是可以修改的。

二、选择题

1. “布局”选项卡中的命令可实现（　　）等功能。

A. 处理绘图表　　B. 显示驱动尺寸

C. 添加未标注尺寸的细节　　D. 管理绘图模型和页面

2. 驱动尺寸用于表达（　　）。

A. 模型的形状　　B. 几何公差

C. 表面粗糙度　　D. 注解

3. “工具”选项卡中的命令可（　　）。

A. 查看模型创建历史记录　　B. 定义关系和参数

C. 管理辅助应用程序　　D. 以上都对

4. 辅助创建视图、尺寸和表格的命令可在“（　　）”选项卡中找到。

A. 布局　　B. 框架

C. 工具　　D. 视图

5. 当视图仅需显示封闭边界内的视图模型的一部分时，视图可见区域应按（　　）方式定义。

A. 全视图　　B. 半视图

C. 局部视图　　D. 破断视图

6. 在默认情况下，绘图视图的原点在其轮廓的（　　）。

A. 左上角　　B. 中心

C. 左下角　　D. 右下角

7. 几何公差可用来（　　）。

A. 指定模型零件上的关键曲面

B. 记录关键曲面之间的关系

C. 提供正确检查零件的方法等信息

D. 以上都对

8. 标注几何公差时，用户可在“几何公差”选项卡的“（　　）”组中编辑基准参考的几何公差值。

A. 公差和基准
B. 符号
C. 附加文本
D. 选项

9. 在“绘图”模式下，当选择注解或表格单元格时，“(　　)”选项卡会显示在前景中。

A. 基准要素
B. 几何公差
C. 格式
D. 尺寸

10.“格式”选项卡下“样式”组中的按钮 A 用于（　　）。

A. 将选定颜色应用到注释文本
B. 将方框轮廓应用到选定文本
C. 设置非 True Type 字体的字符宽度 / 高度比
D. 设置倾斜角

11.“格式”选项卡下“操作”组中的按钮 A 用于（　　）。

A. 设置行间距因子
B. 设置剖面线断开的文本周围的边距
C. 将字符间距处理应用到文本
D. 将注解更改为其镜像图像

12. 在工程图中插入表格的最大尺寸为（　　）。

A. 6 × 8
B. 8 × 8
C. 10 × 8
D. 10 × 10

13. 在“插入表”对话框中“方向”选项下的图标 表示（　　）命令。

A.“向右降序”
B.“向左降序”
C.“向右升序”
D.“向左升序”

14. 通过单击“表”选项卡下“行和列”组中的图标 ，可以（　　）。

A. 在表的两行间插入一行
B. 调整行高和列宽
C. 显示或隐藏单元格边界线
D. 恢复原始单元格边界

15. 创建（　　）视图时，在定义剖切截面后，需选择点为放置参考，并绘制边界。

A. 全剖
B. 半剖
C. 展开
D. 局部剖

三、判断题

1. 使用 Detail 模块可将文件导入到“绘图”模式中，但不可将绘图文件导出到其他系统。（　　）

2. 将三维实体模型或装配直接转换成二维工程图时，如果在一个视图中更改了尺寸值，则在其他绘图视图中会相应地更新。（　　）

3. 绘图表中的文本通过单击单元格并在对话框中输入文本进行修改。（　　）

4. 绘图页面比例显示在绘图页面的顶部。（　　）

5. 对于局部放大图和缩放视图，可以单独更改每个页面上的绘图比例。（　　）

6. 当“模型边可见性”选项设置为“总计”时，视图仅显示截面边。（　　）

7. Creo 8.0 绘图模块所创建工程图中线条的线型设置和线宽显示可以在打印时进行具体编辑。（　　）

8. 在一幅绘图中，每个模型尺寸可以有多个驱动尺寸。（　　）

9. 几何公差是与模型指定的确切尺寸和形状之间的最小允许偏差。（　　）

10. 附加文本的文本样式不可独立于几何公差文本而对其进行编辑。（　　）

11. “几何公差”选项卡会在放置新创建的几何公差或选择现有几何公差实例时显示。（　　）

12. 在“基准要素”选项卡下“附加文本”组中可添加任意字母数字型字符串，无任何限制。（　　）

13. 若想显示隐藏线，可直接用鼠标右键单击该视图，将“绘图视图”对话框“视图显示”类别中的显示样式设置为“隐藏线”即可。（　　）

14. 表面粗糙度标线可与尺寸线交叉。（　　）

15. 插入表的方法仅有一种。（　　）

16. 当表的增长方向向上时，创建的明细表从上往下排序。（　　）

17. 当修改单元格的行高时，需先取消选择“高度和宽度”对话框中“自动高度调节”复选框。（　　）

18. 只要绘图窗口是活动的，就可以中断当前进程，激活要修改的绘图对象。（　　）

四、综合练习题

1. 完成图 7–1 所示零件数字模型和工程图的创建。

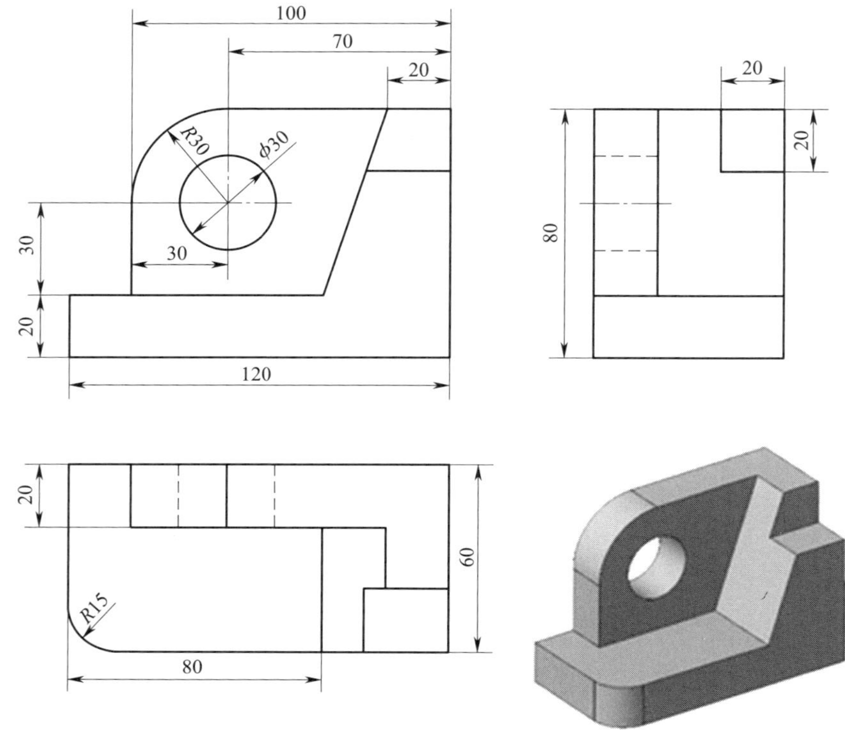

图 7-1　实体模型 1

回顾操作过程，回答下列问题。

（1）简述该实体模型的创建思路。

（2）简述零件工程图的常用表达方式。

2. 完成图 7–2 所示零件数字模型和工程图的创建。

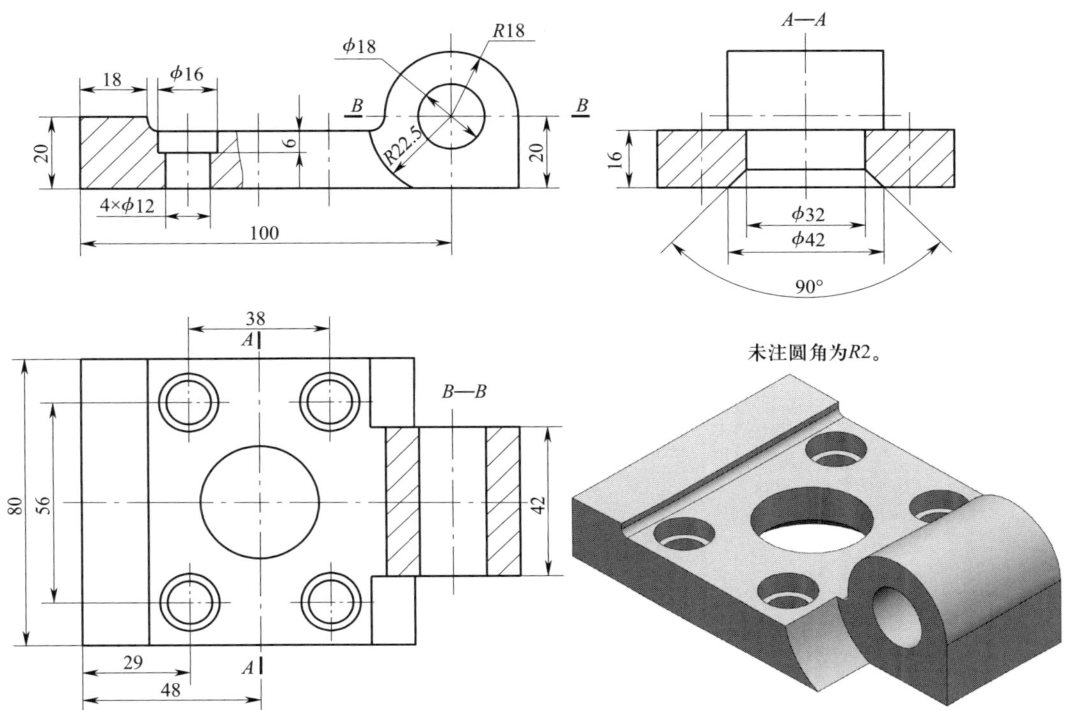

图 7–2　实体模型 2

回顾操作过程，回答下列问题。

（1）简述该实体模型的创建思路。

（2）在 Creo 8.0 绘图模式下创建全剖视图与局部剖视图时的操作有何区别？

3. 完成图 5–3 所示万向节机构装配工程图的创建，并标注尺寸、序号，绘制和填写明细栏、标题栏等。

回顾操作过程，回答下列问题。

（1）装配工程图包含哪些内容？

（2）创建装配工程图时，如何使用 Creo 8.0 软件编辑剖面线的方向或间距？